"华夏衣裳"系列丛书 | 服装史书系

China's Most Beautiful Costume Series
Splendid Mamian Skirt

中国最美服饰丛书
五色华彩马面裙

周立宸　主编

贾玺增　高文静　著

东华大学出版社
·上海·

图书在版编目（CIP）数据

五色华彩马面裙／周立宸主编；贾玺增，高文静著

. -- 上海：东华大学出版社，2024.5

（"华夏衣裳"中国最美服饰丛书）

ISBN 978-7-5669-2290-8

Ⅰ.①五… Ⅱ.①周… ②贾… ③高… Ⅲ.①汉族—

民族服装—服饰文化—中国—古代 Ⅳ.

①TS941.742.811

中国国家版本馆CIP数据核字(2023)第242331号

策 划 编 辑： 马文娟

责 任 编 辑： 陈　珂

视 觉 指 导： 贾玺增

装 帧 设 计： 上海程远文化传播有限公司

中国最美服饰丛书：五色华彩马面裙
Zhongguo Zuimei Fushi Congshu：Wusehuacai Mamianqun

主　　　编：　周立宸

作　　　者：　贾玺增　高文静　著

出　　　版：　东华大学出版社（地址：上海市延安西路1882号　邮编：200051）

本 社 网 址：　http://dhupress.dhu.edu.cn

天 猫 旗 舰 店：　http://dhdx.tmall.com

销 售 中 心：　021-62193056　62373056　62379558

印　　　刷：　上海雅昌艺术印刷有限公司

开　　　本：　635mm×965mm　1/16

印　　　张：　19.5

字　　　数：　475千字

版　　　次：　2024年5月第1版

印　　　次：　2024年5月第1次印刷

书　　　号：　978-7-5669-2290-8

定　　　价：　398.00元

欢迎扫码获取
"中国最美服饰丛书"更多资源

EX · LIBRIS

序言

中国古代服式可以大概地分成两大类：一件式和两截式。后者由上衣和下裳两部分构成。裳就是广义的裙。在中国，同样作为两截式下半部分的裤，出现和发展成熟要远迟于裙。在中国古代很长一段时间里，裤的重要性也远远逊于裙，特别是需要注重礼仪的场合。裙是外穿的，是礼服之一种。古代妇女见客见娘家人，一定要系上裙才能出来。此类场景，常可以在晚清小说中读到。

古代裙子原不仅用于女性服装。男女服装腰以下由纤细趋于丰满的那部分都可称之为裙，可以与英语中的 skirt 互为对译。但是，渐渐地，裙变成了女性服装的专属用语，并进一步衍生出"裙钗"、"荆衩布裙"和"石榴裙"等组合，嬗变为女性本身、女性美德和女性魅力的指代。

中国古代的裙，很早就发展出相当复杂的结构，迥异于几乎就一大幅未经多少剪裁和缝合的织物，如南亚的纱丽（sari）和印尼的纱笼（sarong）。中国古代的裙基本上都是围系之裙，很晚才出现套穿之裙。中国古代的裙由多块裁好的衣片组合而成，有些地方需要拼缝，有的地方相叠而不用缝合，有些部位需要收褶或打裥。露在外面的部分会施加各种装饰，或提花或绣花或印染或加金，因为裙是礼服。马面裙集以上特征于一身，因此才被誉为中国最美丽服饰之一。马面裙是中国古代裙子长期发展的结果和产物。

　　之前已经有学者从各自角度对马面裙做了不同深度的研究，发表了他们的研究成果，这本书的作者在此基础上，运用了更多的文献、图像和实物，对马面裙作了进一步的更为全面的探索，具有集大成的性质和独特的发现和见解。他们对"马面"一词与服装名词的组合而形成专用名词，由"马面褶"到"马面裙"过程的所做的语文学研究，对宋代袍服下半部结构和宋代旋裙与马面裙的因袭变革上的相关程度的探讨，对明代马面裙的襕、裥和重叠部分的解析以探索马面裙的定型过程，对清代名目众多的阑干裙、百褶裙、月华裙、凤尾裙和红喜裙在结构上的对比分析，都研究得深入具体且表述明晰，令读者耳目一新。这是中国古代服装史专题研究的又一新成果。关于包括马面裙在内的中国古代服饰研究甚至推动了广大群众对中华服饰文化传统的热爱，穿着新马面裙或马面裙的当代版，在2023年至2024年成了中国女性的时尚。把马面裙称之为中国最美服饰之一是实至名归。因此，我很高兴撰此短文以之为序。

包铭新

2024.3.12

致
谢

清华大学艺术博物馆

北京服装学院民族服饰博物馆

北京艺术博物馆

孔子博物馆

山东博物馆

上海纺织博物馆

明尼阿波利斯艺术博物馆

印第安纳波利斯艺术博物馆

波士顿美术博物馆

大都会博物馆

印第安纳波利斯艺术博物馆

林栖（生活向左品牌创始人）

陈菲（私人收藏家）

周锦（山东省服装设计协会会长）

王金华（私人收藏家）

周雪清（私人收藏家）

前言

　　马面裙是中国传统服饰中十分经典和极具代表性的款式之一。其历史源远流长，外观独特，工艺精美，功能合理，凝聚了中国传统服饰文化美用一体、以文载道的人文思想。

　　就造型结构而言，马面裙是由一条裙腰、两片长方形裙身组成的。每片裙身的左右两侧各有一个裙门（两片裙身共计四个裙门），穿着时，两片裙身的裙门在前身和后中部位两两重合，形成里外裙门相互搭叠、遮掩的形制，外观只可见两个马面裙门。其式样与宋代二片式旋裙类同。明代马面裙两侧打活褶，清代马面裙裙身无褶或打1厘米宽的细褶裥，抑或在细褶间绗缝固定，形成鱼鳞状褶裥；明代马面裙裙身有装饰性裙襕，清代马面裙在外露裙门和裙身上刺绣花卉、禽鸟等装饰图案，内裙门则无装饰。

　　马面裙的衣身开合方式、裙门叠压、褶裥结构、图案装饰、文化内涵等要素综合形成了其运动性、遮蔽性、装饰性和礼仪性共存的特色，是中国古人高度发达的独特制衣智慧与美学特色的体现。尽管社会发展、时代更迭，人们的生活方式和着装习惯发生了巨大变化，但马面裙穿越百年时光依然散发着独特魅力，历久弥新，不仅受到传统服饰爱好者的喜爱，亦在国际时尚舞台被西方时装品牌和设计师们重视和追捧。

目　录

蓝打籽绣"八仙过海"马面刺绣（清华大学艺术博物馆藏）

第一章 『马面』名称

马面，也称敌台、墩台、墙台，是一种军事防御构造结构。该词最早见于《墨子》中的《备梯》与《备高临》，其中所说的"行城"即"马面"。这表明至少在战国时，它已被用于城市防御。

马面是探出城墙的一个T形结构，即城墙每隔一定距离就突出的矩形墩台，可与城墙形成角度，以便消除城下死角，以利防守者自上而下从侧面攻击来袭敌人。这种称为敌台的城防设施，因外观狭长、形如马面而得名。其实物如陕西榆林神木市号称"史前中国第一大城"的石峁遗址马面，还有如山西平遥古城城墙上马面、敌楼、垛口（图1-1）等建筑结构。北宋沈括《梦溪笔谈》中记载途经大夏统万城遗址时称："至今谓之'赫连城'紧密如石……其城不甚厚，但马面极长且密，予亲使人步之，马面皆长四丈，相去六七丈。以其马面密，则城不须太厚，人力亦难兼也。予曾亲见攻城，若马面长则可反射城下攻者，兼密则矢石相及，敌人至城下，则四面矢石临之。须使敌人不能到城下，乃为良法。"[1]

宋代陈规《守城录·守城机要》记载："马面，旧制六十步立一座，跳出城外，不减二丈，阔狭随地利不定，两边直觑城角，其上皆有楼子。"[2]城墙马面的间距多为70米左右，宽度12～20米，凸出墙体8～12米。这个距离是为了保证弓矢投石的有效射程。为了增强城墙马面的防御能力，还会修建敌楼，用以屯兵、瞭望和储藏武器。

将"马面"一词用于服饰，可见于明代宦官刘若愚《酌中志》关于"曳撒"的记载，即"其制后襟不断，而两旁有摆，前襟两截，而下有马面褶，两旁有耳。"[3]"曳撒"是一种长袍，亦称"一撒"。其制为裙袍式袍服，本为从戎轻捷之服，以纱、罗、纻、丝为之，大襟右衽、长袖。衣身前后形制不一，后身为整片；前身则分为两截，腰部以上与后片相同，腰部以下两边折有细褶，中间不折，形如马面，两腋缀以摆。显然，明代马面裙名称的由来与"曳撒"的"下有马面褶"的形制特点有关。

1 ［宋］沈括.梦溪笔谈[M].北京：中华书局，2015：110.

2 ［明］刘若愚.明宫史·卷十九[M].北京，北京古籍出版社，1994：166.

3 ［宋］陈规.守城录·守城机要[M]清乾隆四十年（1775）抄本.1994：166.

图 1-1 山西平遥古城城墙上的马面、敌楼、垛口

马面裙的首次使用可见于清代方志学家黄钊《石窟一征》，即"女子出嫁衣裙皆用布，无沙罗绸缎之奢，惟嫁之日，所着红绫衫一领及绣裙一腰，谓之面衫面裙……妇人所着裙，围桶而多褶，如古时裳制，谓之马面裙。"[4]

当代学者黄能馥、陈娟娟《中国服装史》[5]、高春明《中国古代的平民服装》[6]《中国服饰名物考》[7]、包铭新《近代中国女装实录》[8]和贾玺增《中国服饰艺术史》[9]《中国服装史》[10]等学术著作中均论述了马面裙内容。包铭新早在1991年于 CHINESE LADY'S DAILY WEAR IN LATE QING DYNASTY AND EARLY REPUBLIC PERIOD 论文中阐述了马面裙的历史发展和形制[11]。此外，包铭新、高冰清还发表论文《论晚清民国时期围系之裙到套穿之裙的演变》[12]。2006年东华大学李霞硕士论文《清末民初马面裙的实物研究》[13]、北京服装学院祁姿妤硕士论文《清代马面裙形制研究——以北京服装学院民族服饰博物馆藏品为例》[14]、北京服装学院丁奕涵硕士论文《晚清民初马面裙的制作工艺研究——以北京服装学院民族服饰博物馆馆藏马面裙为例》[15]、江南大学刘丹丹硕士论文《清末民国时期凤尾裙的研究及其创新应用》[16]、北京服装学院王凯硕士论文《清末民初马面裙的研究及在现代服装设计中的创新应用》[17]，曹雪、王群山《从开衩旋裳到罗裙撷芳——马面裙的发展历程》从马面裙起源入手，着重阐述了马面裙的色彩、质料、纹样等几方面随着历史趋势而产生的变化[18]；北京服装学院周亚茹硕士论文《明代马面裙的文化研究及创新设计应用》阐述了马面裙的不同类型，并从款式、色彩、纹样等方面对马面裙的美学特征进行了分析[19]；林鹏飞、牛犁《明代常州王洛家族墓出土马面裙研究》以常州王洛家族墓出土的马面裙为研究基础，结合古籍文献资料，通过相互印证的方法，对马面裙的造型、质料装饰及艺术特征进行梳理并分析背景成因[20]；贾玺增《中国古代马面裙研究——兼论清华大学艺术博物馆藏马面裙》阐述了马面裙的历史演变和明清时期的主要形制特征，如裙腰、中间交叠的二片式结构，裙门外形为长方形的"马面"等内容[21]。

4 [清]黄钊.石窟一征[M].台北：台湾学生书局，1970.

5 黄能馥，陈娟娟.中国服装史[M].北京：中国旅游出版社，1995.

6 高春明.中国古代的平民服装[M].北京：商务印书馆国际有限公司，1997.

7 高春明.中国服饰名物考[M].上海：上海文化出版社，2001.

8 包铭新.近代中国女装实录[M].上海：东华大学出版社，2004.

9 贾玺增.中国服饰艺术史[M].天津：天津人民美术出版社，2009.

10 贾玺增.中国服装史[M].上海：东华大学出版社，2021.

11 包铭新.CHINESE LADY'S DAILY WEAR IN LATE QING DYNASTY AND EARLY REPUBLIC PERIOD[J].Journal of China Textile University (English Edition),1991(3):9-21.

12 包铭新，高冰清.论晚清民国时期围系之裙到套穿之裙的演变[J].东华大学学报（社会科学版），2006(1):1-7.

13 李霞.清末民初马面裙的实物研究[D].上海：东华大学，2006.

14 祁姿妤.清代马面裙形制研究[D].北京：北京服装学院，2012.

15 丁奕涵.晚清民初马面裙的制作工艺研究[D].北京：北京服装学院，2013.

16 刘丹丹.清末民国时期凤尾裙的研究及其创新应用[D].无锡：江南大学，2014.

17 王凯.清末民初马面裙的研究及在现代服装设计中的创新应用[D].北京：北京服装学院，2015.

18 曹雪，王群山.从开衩旋裳到罗裙撷芳——马面裙的发展历程[J].艺术与设计（理论），2016,2(10):108-110.

19 周亚茹.明代马面裙的文化研究及创新设计应用[D].北京：北京服装学院，2021.

20 林鹏飞，牛犁.明代常州王洛家族墓出土马面裙研究[J].丝绸，2023,60(7):135-142.

21 贾玺增.中国古代马面裙研究——兼论清华大学艺术博物馆藏马面裙[J].东华大学学报（社会科学版），2023,23(1):48-61.

五彩花蝶绣花衣料局部（林栖收藏）

第二章 宋代旋裙

　　中国古代马面裙裙门前后交掩、叠搭的结构形制或可追溯至宋代"前后开胯"的"旋裙"。证以《宋史·卷二百八十七·列传第二百四十六》载："旋裙重叠，以多为胜。"[1] 又据宋代江休复《江邻几杂志》记录司马光的说法，北宋中期，妇女出门："不服宽袴与襜，制旋裙，必前后开胯，以便乘驴，其风闻于都下妓女，而士人家反慕效之，曾不知耻辱如此。"[2] "旋裙"因便于乘骑，宋初流行于京都青楼女子之中，后影响至士庶民间。到了南宋，旋裙的流行日益广泛，无论身份高低，各阶层女性都可穿着。

　　宋代旋裙实物在江西德安南宋周氏墓、福建福州南宋黄昇墓均有出土。其中，福州南宋黄昇墓出土的旋裙多达 17 条，如黄褐色牡丹花罗镶花边裙（图 2-1），裙长 83 厘米，腰头宽 11.7 厘米，裙腰长 123 厘米，下摆宽 133 厘米，"用四片料子分缝，每两片竖直缝接成块，然后按三片宽度上下相对错叠，居中的一块大于两侧，顶端合缝，下摆未缝，裙身两层可以自由离合。上部另加裙腰，两端缀系裙带。"[3] 又如福州南宋黄昇墓出土的褐色牡丹花绫镶彩绘花边裙（图 2-2），裙身两片，上下相对错叠，自由离合，上片宽 92.5 厘米，下片宽 93.5 厘米，通长 87.5 厘米，下摆 130 厘米，四枚异向绫，提花缠枝牡丹等花纹，花纹单位 17×15 厘米，经纬密 31×29 根／厘米裙腰高 11.5 厘米，宽 122 厘米；裙带左长 78 厘米（残），右长 79 厘米（残），宽 4.5 厘米，平纹绢，经纬密 48×42 根／厘米；下摆缘及直缘花，四经绞罗，经纬密 42×16 根／厘米，宽 2.4 厘米，彩绘茶花等[4]。因旋裙裙身前后交掩、自由开合（图 2-3、图 2-4），与《江邻几杂志》所称"前后开胯"相吻合。其在日常生活中穿着方便，穿者迈腿步伐稍大时，两侧裙片自然分开，行动非常便捷[5]。

　　宋人江休复《江邻几杂志》中提到的"开胯"，是指衣服在两胯部位的衣衩结构，如《新唐书·车服志》记载，唐初军将们"有从戎缺胯之服"，马周上议说："开胯者名曰缺胯衫。"从现存的马面裙实物来看，左右开合式都很常见。马面裙裙门相交的结构形制（图 2-5）与中国古代流行的开衩袍结构类似，如黑龙江阿城

1 ［元］脱脱.宋史[M].北京：中华书局，1985：14054.

2 ［宋］江休复.江邻几杂志[M].北京：中华书局，1991：13.

3 福建省博物馆.福州南宋黄昇墓[M].北京：文物出版社，1982：13.

4 同3：66.

5 贾玺增，程晓英."轻解罗裳"释义商榷[J].编辑之友，2011(10)：87.

图2-1 南宋 黄褐色牡丹花罗镶花边裙
（福州南宋黄昇墓出土）

图2-2 南宋 褐色牡丹花绫镶彩绘花边裙
（福州南宋黄昇墓出土）

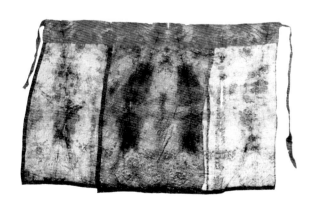

图2-3 南宋 黄褐色牡丹花罗镶边裙
（福州南宋黄昇墓出土）

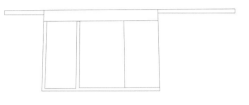

图2-4 宋代旋裙结构

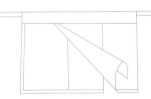

图2-5 马面裙裙门相交的结构形制

图 2-6　紫地金锦襕圆领开衩绵袍（黑龙江阿城金墓出土）

图 2-7　烟色罗洒金双凤穿牡丹褶裥裙
（福州南宋黄昇墓出土）

金墓男墓主外服紫地金锦襕圆领开衩绵袍（图 2-6），袍长 140 厘米，通袖长 221 厘米，胸宽 60 厘米，褶后下摆宽 78 厘米，襟内摆宽 74.5 厘米。后身里外两层下摆，内层开衩在右侧，外层开衩在左侧。二片衣摆相互叠搭，既便于下肢活动，同时又能很好地遮蔽身体，不暴露内衣，从而体现了中国传统服装兼顾服用性能和礼仪性的制衣智慧。[6]

宋代词人李清照，清秋时节思念在外求学的丈夫赵明诚，写出了《一剪梅》："轻解罗裳，独上兰舟。"词人先写与爱人分别后独上兰舟，以排遣愁怀，词中展示了一种格调清新的婉约之美。因为宋代旋裙有二片合成、左右相掩、前后开衩的结构特点，所以宋代女性在穿着旋裙上船时，只需将两侧裙片向上提起，使其前后门襟分开就很容易迈腿上船。在这里，"解"字当为分开、分解之意。裙子是用纱罗缝制，因此提裙时要"轻"。从中国古代服装形制上讲，裳是前后两片的，裙是一整片的。而宋代旋裙却是二片式结构，与"裳"的结构类似，由此称其为"罗裳"更显古意。

宋代还流行质地轻薄的一片式褶裥裙，宋代诗人苏轼《梦中赋裙带》诗云：

6　贾玺增.中国古代马面裙研究——兼论清华大学艺术博物馆藏马面裙[J].东华大学学报（社会科学版），2023，23(1):48-61.

图 2-8　深褐色纱百褶裙
（常州周塘桥南宋纪年墓出土）

图 2-11　元代马面裙实物
（元代钱裕墓出土）

图 2-9　合围式褐色罗印花褶裥裙
（福州南宋黄昇墓出土）

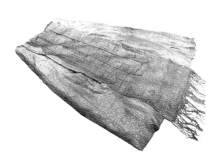

图 2-12　鸾凤穿花绢丝棉裙
（元末张士诚母曹氏墓出土）

图 2-10　南宋晋祠彩塑女像

"百叠漪漪风皱，六铢纵纵云轻。"福州南宋黄昇墓出土的两件随葬罗制褶裥裙，一件是有裙门的交叠式烟色罗洒金双凤穿牡丹褶裥裙（图 2-7），另一件是无裙门的合围式褐色罗印花褶裥裙。烟色罗洒金双凤穿牡丹褶裥裙，上窄下宽，由 4 片面料竖直拼接而成，裙长 87 厘米，腰头宽 14 厘米，裙腰长 104 厘米，下摆宽 127 厘米，裙褶紧密，裙身打数十道细褶裥。又如常州周塘桥南宋纪年墓出土的深褐色纱百褶裙（图 2-8），由三幅完整方孔纱缝合而成，褶裥为工字褶，两侧裙门较宽。福州南宋黄昇墓出土的合围式褐色罗印花褶裥裙（图 2-9）上下折成纹道 21 条，裙身两侧没有裙门结构。宋代一片式褶裥裙在穿着时由后往前系束，在腹前正中形成叠搭开合的裙门结构，实际穿着效果与旋裙结构类似。该着装式样在南宋晋祠彩塑女像（图 2-10）中可以看到。[7]

宋代旋裙的形制被元代继承，无锡元代钱裕墓曾出土与旋裙形制相同的 3 件素绸单裙（图 2-11），长 61 ～ 88 厘米，腰围 140 厘米，前面中间开交缝，两件腰部两侧缝折裥，腰合缝处亦有束带残存。[8]此外，苏州元末张士诚母曹氏墓曾出土两侧对称打褶的丝绵裙（图 2-12），即在缎面与绢内衬之间絮一层丝绵，为过冬之用。

7　贾玺增.中国古代马面裙研究——兼论清华大学艺术博物馆藏马面裙[J].东华大学学报（社会科学版），2023，23(1):48-61.

8　钱宗奎.江苏无锡市元墓中出土一批文物[J].文物，1964（12）：55.

花纹单面绣视门局部（清华大学艺术博物馆藏）

第三章 明代马面裙

明代马面裙流行度极高。其形制有单裙、棉裙与夹裙三种形式，与各式或长或短的上衣搭配，时称"袄裙"或"衫裙"。它继承了宋代旋裙的二片式结构，每片裙身通常用面料三幅半。二片裙身共用一个裙腰，裙腰左右两端缝缀系带。4个光面的"马面"裙门，在前中和后中两两交叠。由马面裙实物分析，明代马面裙前裙门既有左裙门在上，如孔府旧藏明代葱绿地妆化纱蟒裙、明代宁靖王夫人吴氏墓出土的折枝团花缎马面裙，也有右边裙门在上，如孔府旧藏墨绿色暗花纱单裙、贵州思南明代张守宗夫妇墓女室出土明嘉靖麒麟芝草莲塘鹭鸶纹马面裙[1]。裙门两侧缝叠中心相对的3至5对褶裥。在明代马面裙的膝部底端，一般会装饰有一整条宽度统一、纹样各异的横向裙襕，时称"膝襕""底襕"。其宽窄、组合构成与明代女服上衣的长短又有着密切关联，即宽底襕、宽底襕和宽膝襕、宽底襕窄膝襕等不同式样。

据已经公开发布的明代墓葬或文物保存地共有54处，其中有马面裙实物出土的墓葬有17座、文物保存地共有3处。涉及地域自北向南、自西向东的省市为：北京3处，江苏省8处，江西3处，浙江1处，贵州1处，宁夏1处。墓葬覆盖的年代自明初至明末兼而有之，尤以明中后期（嘉靖、万历时期）为主[2]。其内容详见附录明代马面裙实物图录。

1 贾玺增.中国古代马面裙研究——兼论清华大学艺术博物馆藏马面裙[J].东华大学学报（社会科学版）,2023,23(1):48-61.

2 周亚茹.明代马面裙的文化研究及创新设计应用[D].北京:北京服装学院,2021:9.

图 3-1　男墓主外服紫地金锦襕圆领开衩绵袍及结构图
（黑龙江阿城金墓出土，图片引自《金代服饰 金齐国王墓出土服饰研究》，文物出版社 1998 年版）

第一节　裙 襕

　　裙襕是明代马面裙重要装饰特色。"裙襕"指的是马面裙膝部和底端，装饰上一整条宽度统一、纹样各异的横向纹样。中国古代服装"襕"的结构可见于战国至汉代流行的上下分裁的深衣。隋代已有襕袍，证以《旧唐书·舆服志》："晋公宇文护始命袍加下襕。"宋代服装又有"襕衫"之名，即《宋史·舆服五》载："襕衫以白细布为之，圆领大袖，下施横襕为裳……"[3] 可见，宋代襕衫之"襕"是指服装衣身下摆处的"拼布"缝线。宋代服装"襕"之结构，在与同期北方的金朝服饰上也可见到。据《金史·舆服中》记载，"十五年制曰：袍不加襕，非古也。遂命文官公服皆加襕。"[4] 其实物如黑龙江阿城金墓男墓主外服紫地金锦襕圆领开衩绵袍（图 3-1），两袖有通肩织金袖襕，下摆处有一道金膝襕，上下襕宽约 7 厘米。这是目前我们能见到的最早的膝襕实物。[5]

　　元代多数云肩式龙纹装饰的袍服，在肩袖和膝部都有一条带状纹样装饰，时称"袖襕"和"膝襕"。在蒙古语中，下摆加襕之袍被称为"宝里"。例如，大都会艺术博物馆收藏的元代缂织帝后曼荼罗（图 3-2），就有身穿云龙膝襕蒙古长袍的元代帝后形象[6]。据《元史·舆服志》记载，天子服大红、桃红、紫蓝、绿宝里；百官夏服聚线宝里纳石失、大红官素带宝里、鸦青官素带宝里。其注云："宝里，

3　脱脱.宋史[M].北京:中华书局,1985:3579.

4　脱脱.金史[M].北京:中华书局,1975:982.

5　贾玺增.中国古代马面裙研究——兼论清华大学艺术博物馆藏马面裙[J].东华大学学报（社会科学版）,2023,23(1):48-61.

6　同5.

图 3-2 元代缂织帝后曼荼罗（大都会博物馆藏）

图 3-3　月白万寿织金妆花龙襕缎裙（北京定陵孝端皇后棺椁出土）

图 3-4　《明宪宗元宵行乐图》局部

图 3-5　《真武灵应图册》局部

服之有襕者也。"元代"宝里"形象如《元世祖出猎图》中元世祖身上穿的红色袍服。因为流行广泛、使用量极大，而促成了元代专门生产袖襕和膝襕妆花织物的特殊织机的出现。

　　到了明代，襕饰也广泛装饰在马面裙上。从出土实物看（详见附录表二），明代女裙裙长大多数为 75～95 厘米，穿着后裙长一般在脚踝附近，短则在小腿肚下方。100 厘米以上的马面裙仅 4 条，最长裙子是孝端皇后棺椁出土的 113 厘米长的月白万寿织金妆花龙襕缎裙（图 3-3）。明代马面裙裙身的纵向维度，为裙襕装饰留出了充足的空间。又因其所饰部位不同，可分为膝部位的膝襕和裙底摆部位的底襕，以金线织成襕饰者称"金彩膝襕"[7]。

　　上襦下裙，自汉代以来一直是中国古代女性的基本穿衣方式。到了明代，襦裙、袄裙或衫裙等各式或长或短的上衣与裙搭配，更成为女性的典型装束，明宪宗元宵行乐图中的内眷多为这种形象（图 3-4），甚至明代日常口语中，还曾用"三绺梳头，两截穿衣"指代女性。例如，《醒世恒言》第十一卷写道："（女子）主一室之事的，三绺梳头，两截穿衣。"第三十二回："（武乡云）说道：'此等美举，我们峨冠博带的人一些也不做，反教一个三绺梳头，两截穿衣的女人做了，还要这须眉做甚？这也可羞！'"所谓"两截穿衣"，就是指上身穿袄、穿衫，下身穿裙，将人体分作两截的二部式着装形制（图 3-5）。明代马面裙的襕饰部位、宽窄因衣裙的搭配方式不同而产生宽窄和组合上的变化。明代服饰风尚之变在很多地方志或文人笔记中都有所反映，如嘉靖时期河南开封府《太康县志》载："国初时，衣衫褶前七后八，弘治间上长下短褶多；正德初上短下长三分之一……"[8] 此时，马面裙流行的是单膝襕或双襕的形制。

7　《太康县志》载："织金彩通袖，裙用金彩膝襕。"［明］安都纂.太康县志 [M]//天一阁藏明代方志选刊续编：册58卷4.上海：上海书店，1990.

8　同上。

明代中晚期开始盛行长身女袄。《太康县志》载："嘉靖初服上长下短似弘治时……弘治间，妇女衣衫，仅掩裙腰；富用罗、缎、纱、绢，织金彩通袖，裙用金彩膝襕，髻高寸余。正德间，衣衫渐大，裙褶渐多，衫惟用金彩补子，髻渐高。嘉靖初，衣衫大至膝，裙短褶少……"[9]四川嘉定州嘉靖《洪雅县志》载："其服饰则旧多朴素，近则妇女好为艳装，髻尚挺心，两袖广长，衫几曳地。"[10]"两袖广长，衫几曳地"描写了嘉靖时期女衫的特点。此时女袄的衣袖宽博四尺有余，衣长直至膝部，甚至仅离地五寸，裙身仅露出三寸，证以《升庵外集》："嘉靖中，四方妇人与男子无异，直垂至膝下，去地仅五寸，袖阔至四尺余。"因为膝襕被上衣遮蔽，所以底襕逐渐变大。

明代晚期，"服妖"、僭越的服饰风气流行，由于女性上衣逐渐变长，马面裙出现了宽底襕、宽底襕宽膝襕、宽底襕窄膝襕并存的式样。

与大衫、圆领袍、补袄等搭配的马面裙横襕的装饰纹样有龙、凤、麒麟、狮子、云纹、杂宝、花卉、蜂蝶、璎珞、羽葆、铃铎等纹样。其实物如常州武进王洛家族墓出土马面裙金襕纹样（图3-6~图3-9）。铃铎，古代用金、铜、铁等金属铸造的钟形乐器，又称宝铃、宝铎，有佛音清雅，祈福辟邪的含义；羽葆，即帝王仪仗中以鸟羽联缀为饰的华盖，以鸟羽聚于柄头的华盖，后用于仪仗、车盖、幢、帐等物品的装饰及挂缀；法螺，又称为法赢、宝螺、金刚螺、蠡、蠡贝、螺贝等，是佛教举行仪式时吹奏的一种唇振气鸣乐器，卷贝的尾端装有笛子。佛教中认为螺音具有降魔、消除恐惧的法力，同时又象征佛祖在讲经说法时的威力。

明代马面裙隔带一般多为粗捻金线或者连续万字纹菱纹。明初的马面裙裙襕宽度多不超过16厘米，底襕甚至窄至5.5厘米。直到万历时期，马面裙裙襕宽度突破20厘米。此时，裙襕纹样变得更为复杂，如宁夏盐池明墓出土的缠枝牡丹地仕女纹襕缕裙残片（图3-10），残长79厘米，宽192厘米。织物的组织结构可以分为上下两部分。上部为曲水地缠枝牡丹纹样暗花缕，织物下方为一宽约23厘米的襕杆装饰带，在此部分除地纬外，又加入一组蓝绿色纬线，用以织造杆部分纹样，在起花部分蓝绿色纬线以浮长显花，在地部也以浮长形式背衬。襕杆部分的图案主体为一排左向仕女纹样，裙襕主体的间隔带为云纹和万字纹（图3-11）。织物两侧留有0.5厘米宽的幅边。[11]

宜昌东山明墓出土女性墓主人服饰，裙由四片组成，没有缝合，只在衣腰部重叠，每片一米长，每片折叠19道，腰部处每一道折2厘米，下摆处每道折4厘米。明代女裙装饰仕女芭蕉纹的实物又如宜昌东山明墓出土的褶裙。该裙由四片组成，没有缝合，只在衣腰部重叠，每片一米长，每片折叠19道，腰部处每一道折2厘米，下摆处每道折4厘米。裙身底襕上部有仕女芭蕉纹，仕女歌舞于芭蕉树丛中，与芭蕉树枝自由穿插，构成了一个直立式纹样，体现了娴雅游玩的题材，营造了人与自然和谐相处的心理特征（图3-12）。[12]

据《明史·舆服志二》载："红罗长裙，缘襈裙，红色，绿缘襈，织金彩色云龙纹。"其实物如北京定陵孝端皇后黄织金妆花龙襕绸马面裙（图3-13），长1.1米，裙子为红色，裙腰白色，裙腰两端缀白色系带一对。黄色底纹，裙上有一

9 [明]安都纂，嘉靖《太康县志》.收入《天一阁藏明代方志选刊续编》（上海书店据嘉靖3年刊本影印，1990），册58卷4，"服舍".

10 张可述.嘉靖洪雅县志·天一阁藏明代方志选刊[M].上海：上海古籍出版社，1963:25.

11 宁夏文物考古研究所.盐池冯记圈明墓[M].北京：科学出版社，2010:34.

12 闵萍.宜昌市东山明墓出土女尸服饰图案浅析[J].湖南考古辑刊，1999（00）：340-345.

图 3-6　折枝杂花绫马面裙金襕纹样（常州武进王洛家族墓出土）

图 3-7　织金残片（常州武进王洛家族墓出土）

图 3-8　杂宝折枝牡丹花绫马面裙金襕纹样（常州武进王洛家族墓出土）

图 3-9　凤舞山花缎织金襕马面裙金襕纹样（常州武进王洛家族墓出土）

本页图片引自《天孙机杼——常州明代王洛家族墓出土纺织品研究》，文物出版社 2017 年版

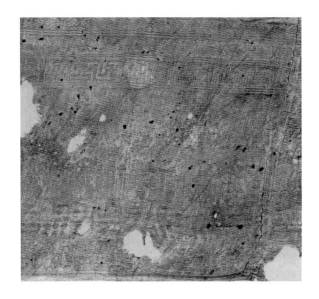

图 3-10　缠枝牡丹地仕女纹裥绫裙残片（宁夏盐池明墓出土）

图 3-12　明代女裙装饰仕女芭蕉纹　　　　　　　　图 3-11　缠枝牡丹地仕女纹裥绫裙纹样

圈龙襕，襕内正面织有龙戏珠及八宝花卉纹。两侧龙栏内饰龙戏珠及桃花、牵牛、荷花、菊花、茶花等花卉纹，下有海水江崖。裙子地纹为云龙纹戏珠，八宝纹点缀其间，二龙相对腾空而起，各用一只前爪共同托起如意云头。裙子的底边与正幅、左右两幅的侧边都有绿色缘边（边襕），饰织金彩色云龙纹样。

　　嘉兴王店李家坟明墓出土的四季花蝶万字杂宝织金绸裙，以四季花蝶万字杂宝纹饰为主（图 3-14、图 3-15），长 76 厘米，下摆宽 200 厘米，百褶，由三片裙布组成。平安如意万字杂宝纹织金绸裙，缎质，以缠枝图案为主题纹样。纵向打褶，共有 4 片裙布组成，下摆宽 204 厘米、裙长 77 厘米。下摆用一条宽 11 厘米的金粉边装饰，主要为平安如意纹（图 3-16）。折枝凤凰麒麟奔马织金缎裙，下摆宽 176 厘米、裙长 84 厘米，以折枝花卉纹为主（图 3-17），中间以万字纹、菱纹作间隔。上镶有三条金粉带，图案各异，自上而下分别为凤凰、麒麟、奔马等主要纹饰，使用万字纹和菱纹间隔。

图 3-13　孝端皇后黄织金妆花龙襕绸马面裙及纹样（北京定陵出土）

图 3-14　四季花蝶万字杂宝织金绸裙
（嘉兴王店李家坟明墓出土）

图 3-15　四季花蝶万字杂
宝织金绸裙纹饰

图 3-16　平安如意万字杂宝
纹织金绸裙纹饰

图 3-17　折枝凤凰麒麟奔
马织金缎裙纹饰

第二节　褶裥

　　除了裙门交叠之外，明代马面裙的裙侧会缝烫三四对活褶，从而极大地增加明代马面裙的活动空间和服用性能。明代马面裙侧褶中间部位的活褶极为特殊，分别相向以等距折出活褶，与腰头相接（图 3-18），时称"合抱褶"，证以明代朱之瑜《朱氏舜水谈绮》"明代裳制"（图 3-19）中提到的"予见明制裳有十二幅者，有六幅者，十二幅裳左右各一联，每联两端用全幅，中间四幅，各用半幅，两联通为十二幅，前后有马面且当两胁处各做辄子六幅，裳左右各一联，共用全幅，前后有马面，当两胁一幅各有六个襞积前后相向。"[13]

13　朱之瑜.朱氏舜水谈绮[M].上海：华东师范大学出版社，1988：82.

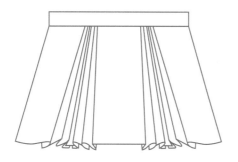

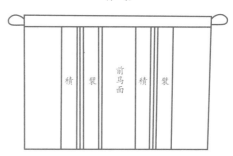

制　裳

积　襞　前马面　积　襞

图 3-18　明代马面裙活褶结构图　　　　　　图 3-19　朱之瑜《朱氏舜水谈绮》"明代裳制"

图 3-20　杂宝四合如意连云纹缎褶裥单裙　图 3-21　凤舞山花缎织金裥褶单裙　图 3-22　如意云缎织金裥褶裥单裙
　　　　（常州武进博物馆馆藏）　　　　　　（常州武进博物馆馆藏）　　　　（常州武进博物馆馆藏）

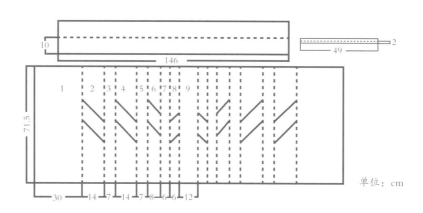

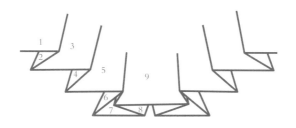

图 3-23　明代马面裙结构图

20

图 3-24　《明宪宗元宵行乐图》中身穿马面裙后妃

常州武进王洛家族墓葬曾出土明代 M1b：15 盛氏墓中杂宝四合如意连云纹缎褶裥单裙（图 3-20）、M2c：35 凤舞山花缎织金襕单裙（图 3-21）和 M2c：39 如意云缎织金襕褶裥单裙（图 3-22）。前二者马面裙两侧各有 3 个褶裥，后者则有 6 个褶裥。明代马面结构如图 3-23 所示标记的数字 1、3、5、7、9 为褶面，斜杠线标记的是褶裥部分，其中 9 是合抱褶的褶面，以它为中心相向以等距折出活褶，褶面 7 在马面裙正面是看不到的特殊存在。褶面 7 为褶面 5 与褶面 9 "抱合" 住的部分，虽然它是褶面，但被 "抱合" 其中。[14]

作为上衣下裙的二部式服装类型，中国古代女性极其注重衣裙搭配的长短比例和宽窄尺度。对于明代女服而言，上衣的长短变化直接影响了马面裙的廓型特征：弘治年间（1488—1505 年）流行短襦长裙，襦长至腰，裙长垂至足，饰以金彩膝襕；明代正德年间（1506—1521 年）的女性上衣渐长渐大，嘉靖年间（1522—1566 年）的女性衣袖宽博四尺有余，衣摆距地不足五寸，裙身仅露出三寸，此时流行宽底襕的马面裙；万历年间（1573—1620 年），女服以红绿花裙为尚；崇祯时期（1628—1644 年），流行素色绢纱裁制、略饰压脚花边的朴实风貌女服；崇祯末年，细褶长裙日益流行，衣裙随穿者姿态摆动，极具风韵。[15] 马面裙的裙身也从蓬蓬裙转变为修身贴合的宽底襕百褶裙。

马面裙的侧褶有上下等宽的平行褶和上窄下宽的梯形褶两种形式。上窄下宽的梯形褶马面裙的体量感强，多与短袄搭配。但当明代女性上衣衣长逐渐增加时，下装体量大的梯形褶让位于上下等宽的平行褶。在明代佚名画家创作的绢本设色画《明宪宗元宵行乐图》中有许多身穿马面裙的后妃（图 3-24）。其实物如孔府旧

14　贾玺增.中国古代马面裙研究——兼论清华大学艺术博物馆藏马面裙[J].东华大学学报（社会科学版），2023，23(1):48-61.
15　同 14.

图3-25 明 孔府旧藏 葱绿地妆花纱蟒裙（孔子博物馆藏，
图片引自《衣冠大成：明代服饰文化展》，山东美术出版社2020年版）

图3-26 明 孔府旧藏 葱绿地妆花纱蟒裙
（孔子博物馆藏）

16 ［明］李东阳，申时行.（万历）大明会
典[M].169.

17 同16.

藏明代葱绿地妆花纱蟒裙（图3-25、图3-26），六幅料构成，通长85厘米，膝襕宽11.5厘米，腰围105厘米，红镶腰宽12厘米，下摆宽191厘米。裙侧有5对对褶襕，裙身主体为葱绿色暗花纱，腰镶桃红色暗花纱缘，织缠枝牡丹、菊花、荷花等纹饰；裙腰为红色折枝暗花纱；裙身以妆花饰为双襕，襕内金织正蟒、行蟒和翔凤，间饰流云、花卉、海水江崖等纹饰。裙襕、裙摆妆花织正蟒龙（五爪）各一条、行蟒龙九条，间饰翔凤、牡丹、茶花、菊花、荷花、梅花、海水江崖等纹饰。色彩以红、绿色为主调，圆金线织金蟒龙，片金勾边。明代早期龙嘴巴紧闭，鬃毛上扬，身体修长，四肢有力；明代中期的龙嘴部张开，身体瘦长，姿态各异，表情丰富，个性张扬，形象俊美；明代末期，龙的头部比例增大，犄角尖直，身形粗壮，五趾呈轮状舒展。该裙符合明末龙纹特色。明代规定，品官用蟒皆绣四爪，若蒙御赏五爪者，不得称龙，只能称之为蟒或蟒龙。关于蟒龙、凤纹及妆花工艺的服色织绣禁令，《大明会典》载：洪武二十六年令："官吏及军民僧道人等，衣服帐幔并不许用玄、黄、紫三色并织绣龙凤文，违者罪及染造之人。"天顺二年令："官民人等，衣服不得用蟒龙、飞鱼、斗牛、大鹏、像生狮子花样……"[16]嘉靖六年令："在京在外官民人等，不许滥服五彩妆花织造，违禁颜色及将蟒龙造为女衣。或加饰妆彩图利货卖……"[17]该裙以织金妆花工艺织龙凤纹饰，适用等级较高，非品官

明 孔府旧藏 葱绿地妆花纱蟒裙纹样

明 孔府旧藏 葱绿地妆花纱蟒裙局部（摄影：动脉影）

明 孔府旧藏 草绿地妆花纱蟒袍局部（摄影：动脉影）

图 3-27　明代命妇容像

图 3-28　明代女服的搭配组合

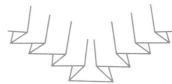

图 3-29　明 孔府旧藏 朝服下裳及其结构图 (山东博物馆藏)

图 3-30　明末贞静公朝服像

及外命妇可以自行织买范围，故此判断此件马面裙应为赐服。明代葱绿地妆花纱蟒裙的主面料为二经绞底子上平纹组织显花，纹样为缠枝莲花与茶花纹。桃红色的裙腰搭配，裙身上的暗纹以及裙底的片金勾边工艺，正是这些细节的衬扎而显得这条马面更加绝美。

在明代命妇容像中，马面裙是一个非常普遍和常见的款式。这足以见得马面裙在明代女服中流行度之高。同时，我们可以参考这些身穿马面裙的明代女性画像（图 3-27），再利用明代女服存世或出土实物，进行明代女服的搭配组合（图 3-28）。

与明代马面裙相似的是明代朝服的下裳。据《明史·舆服志三》记载："嘉靖八年更定之制。梁冠如旧式……下裳七幅，前三后四，每幅三襞积，赤罗青缘。"[18] 其实物如山东博物馆藏孔府旧藏明代朝服下裳（图 3-29）。裙长 91.4 厘米，腰围 132 厘米，裳分为两大片，每片均由三幅织物拼缝而成，左右相向各打四褶，侧缘、底边缘以青纱。从结构图可知，以对褶 5 为中心，相向各打四个褶，褶面 1 与褶面 9 比其他褶面宽，近似一个"马面"，其他对称形成褶面。可参考明末贞静公朝服像（图 3-30）。

18 ［清］张廷玉 等 撰，中华书局编辑部 点校.明史卷六十七 志第四十三 舆服三·文武官朝服.北京：中华书局，1974:1635.

第三节 叠 穿

中国古代女裙一般采用多层叠穿的方式，魏晋繁钦《定情诗》云："何以答欢忻？纨素三条裙。"1975年山东邹县元代李裕庵墓女主人身上穿的即是"三条裙"，第一层是荷花鸳鸯纹绸平展夹裙（图3-31），第二层是方棋小朵花罗平展裙，第三层是素绸丝绵裙（图3-32）。[19]

其实，"三条裙"不多，更有甚者将数十条罗裙叠穿，证以梁代施荣泰《杂诗》："罗裙数十重，犹轻一蝉翼。"重重叠叠的"数十重"罗裙穿在身上，形成了繁复的层次之美。"数十重"虽或是诗人的夸张表达，但1980年江苏泰州市鲍明嘉靖徐蕃夫妇墓中，其妻张盘龙也身穿了五层裙子：

第一层，明驼黄色织金暗花缎凤穿牡丹襕单裙（图3-33），豆黄色，凤凰花巧纹样。[20]浅驼色织金缎单裙，长93厘米，裙底摆宽达441厘米，腰长126厘米，马面宽38厘米。以7.5厘米宽的白布为裙腰，暗花缎为裙体，两边各钉一根60厘米长的扎带，裙腰左右各打6个顺褶（即一压一）。裙体织八宝夹牡丹花纹，裙身为两片花缎做成，每片用三幅半花缎。裙体中部以金线配织膝襕一道，裙襕宽13.2厘米，为凤凰牡丹连续图案，上下各织三道横线，使图案更加突出；底襕亦以金线织出，约8厘米宽，为一排牡丹，一排如意头图案，图案上下亦织有横线。这种纬线是在豆黄色丝线上绕一层白棉线，呈浅玉色，织成的图案花纹突出，富有立体感。这种织裙襕的金线是以蚕丝线与真金丝缠绕成的一种线，织成的缎子不时闪烁金光，更加光彩熠熠；花纹有立体感和厚重感。这种裙料的中部和底部的花纹都是以纬线提花织出，是按裙子形式需要，专门织造的面料制作而成的。

第二层，四合云花缎裙，浅姜黄色（图3-34），白布腰，腰两边各钉一根长53厘米、宽0.8厘米的白布扎带。裙长84.5厘米、腰长122厘米、下摆围480厘米、马面宽37厘米。腰每边8个褶，下摆内侧有5.5厘米宽的绸贴边。裙用两片花缎，每片四幅。

第三层，梅花缎裙（图3-35），浅米黄色，白布腰，腰两边各钉一根长50厘米、宽1.2厘米，由12根粗线织成的带子。裙长84厘米、腰长122厘米、下摆围422厘米、马面宽36厘米、白布腰宽6厘米。下摆内侧有4厘米宽的花缎贴边，腰两侧每边6道褶。

第四层、第五层均为素绸裙。第四层素绸裙为浅豆黄色（图3-36），腰两边钉素绸扎带，裙长85厘米、腰长122厘米、下摆围480厘米，中有马面，两边各有3个荷包褶；第五层素绸裙也是浅豆黄色。腰两边钉素绸扎带，裙长90厘米、腰长112厘米、下摆围460厘米，腰每边3个褶，中有马面。

19 王轩.邹县元代李裕庵墓清理简报[J].
文物，1978(5).

20 黄炳煜，肖均培.江苏泰州市明代徐蕃
夫妇墓清理报告[J].文物，1986（9）.

图 3-31 元 荷花鸳鸯纹绸夹裙
（山东邹县元代李裕庵墓出土）

图 3-32 元 素绸丝绵裙
（山东邹县元代李裕庵墓出土）

图 3-33 明 驼黄色织金暗花缎凤穿牡丹襕单裙（泰州市博物馆藏）

图 3-34 明 四合云花缎裙
（泰州市博物馆藏）

图 3-35 明 梅花缎裙
（泰州市博物馆藏）

图 3-36 明 素绸裙
（泰州市博物馆藏）

第四节 面 料

一、素色马面裙

素色马面裙，是指没有任何装饰平纹面料的马面裙。在明代马面裙出土实物资料中，素色马面裙几乎贯穿整个明代时期。其实物如江苏无锡周氏墓出土的一套永乐年间（1403—1425 年）江南地区富有人家流行的女套装：绣缘素罗短袖夹衣、万字田格纹绮长袖夹衣、素纱单裙和钉金绣牡丹纹缎鞋。其中的裙子为素绢单裙（图 3-37），前后两片，有马面结构，宽 196 厘米，每片由三幅半面料拼缝而成。裙身无纹样，平淡素雅。其中从中间裙门重合而成的光面宽 17 厘米。裙片可见 8 个褶，左右两边各四片，相对排列。在当时，面料的幅宽是受限于织机宽度的。从审美的角度而言，素纱单裙素雅含蓄，而藏在裙摆内的钉金绣缎鞋却在不经意间隐约露出金色丝线刺绣的牡丹纹。这种短袖在外、长袖在内的上衣组合的搭配形式，常见于元代至明代早期。

二、暗花马面裙

以暗花丝织物为面料的马面裙在明代极为流行。根据地部组织结构的不同，明清时期的暗花丝织物可分为平纹地的暗花丝织物、斜纹地的暗花绫、缎纹地的暗花缎、绞经类暗花纱罗及起绒类暗花丝织物。其实物如下：

团窠双龙戏珠纹暗花缎裙（图 3-38）由两片一腰裙式组成，腰为布制，长约 110 厘米。两头有系带。每片裙身由三幅半织物拼缝而成，两头有系带。裙身为暗花缎，团窠双龙戏珠纹。裙长 86 厘米，腰高 8 厘米，腰宽 116 厘米，摆宽 228 厘米，系带长 42 厘米，裙门宽 27 厘米，腰部折褶后缝成裙子。裙由两片布交叠共腰而成，每片布由三幅半的织物拼缝而成，幅宽 60 厘米 [21]。

江西九江荷叶墩万黄氏明墓出土的曲水如意云纹罗裙（图 3-39），裙长 80 厘米，下摆宽 137 厘米，腰宽 60 厘米，裙分为两片，每片均由三幅半织物拼缝而成，由左右两片在前中部错压重叠而呈马面，右片在前，左片在后，腰部两侧打有细褶，每褶宽约 3 厘米。裙腰两端各钉有一纽襻，以用于围系左、右裙片。马面裙料为有固定绞组织的二经绞花罗，地组织为 1：1 绞纱，花部组织为 1：1 平纹。曲水如意云纹，以满地的曲水几何纹为骨架，内嵌如意云纹，寓意绵长不断，为明代常见的吉祥图案。

北京丰台区长辛店 618 厂明墓出土的明中期驼色缠枝莲地凤襕妆花缎马面裙（图 3-40），驼色缠枝莲缎地。裙长 94 厘米，由两大片组成，每片 221 厘米，用

21 徐长青.南昌明代宁靖王夫人吴氏墓发掘简报[J].文物，2003（2）：19-34.

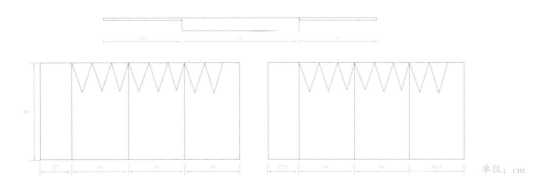

图 3-37 明 素绢单裙及其结构图（江苏无锡周氏墓出土）

单位：cm

图 3-38　明　团窠双龙戏珠纹暗花缎马面裙
（明代宁靖王夫人吴氏墓出土）

图 3-39　明　曲水如意云纹罗裙
（江西九江荷叶墩万黄氏明墓出土，
中国丝绸博物馆藏）

图 3-40　明　驼色缠枝莲地凤裥妆花缎马面裙
（北京丰台区长辛店 618 厂明墓出土，
首都博物馆藏）

图 3-41　明　褐色缠枝四季花卉纹暗花缎马面裙
（北京丰台区长辛店 618 厂明墓出土，
首都博物馆藏 ）

图 3-42　明　浅驼色四合如意云纹暗花缎马面裙
（北京丰台区长辛店 618 厂明墓出土，
首都博物馆藏）

图 3-43　明　卍字地西番莲纹暗花缎马面裙
（北京丰台区长辛店 618 厂明墓出土，
首都博物馆藏）

图 3-44　明　曲水如意云纹罗裙
（江西九江荷叶墩万黄氏墓出土）

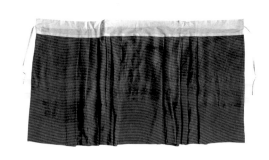

图 3-45　明　四季花蝴蝶绸裙
（嘉兴王店李湘夫妇墓 M4 出土）

图 3-46　明　嘉靖时期回云纹缎马面裙
（贵州张守宗夫妇墓女室出土）

裙料三幅半，幅宽 60 厘米。裙腰用绸单上，两侧各一襻，腰两端各一根丝带，两胯各有三个对褶。裙襕宽 12 厘米，妆花祥翟鸟图案。裙底襕约为 6 厘米。

北京丰台区长辛店 618 厂明墓出土的明中期褐色缠枝四季花卉纹暗花缎马面裙（图 3-41），裙长 95 厘米，褐色五枚缎地，缠枝牡丹、莲、菊、梅四季花卉图案。此裙出土时残损较重，裙腰及裙带无存。裙由两大片组成，每片均由三幅半裙料缝成，每幅裙料宽 61 厘米。腰两端各有一根丝带，两袴各有三个对褶。

北京丰台区长辛店 618 厂明墓出土的明中期浅驼色四合如意云纹暗花缎马面裙（图 3-42），裙长 96 厘米，由两幅浅驼色四合连云纹暗花缎缝合而成。裙子两端各有一丝带，在裙长 75.5 厘米处围绕裙子向里缝进一条边，形似外接裙摆。裙腰和裙带以绸为材料，裙底边镶绸一圈。

北京丰台区长辛店 618 厂明墓出土的明中期卍字纹地西番莲纹暗花缎马面裙（图 3-43），裙长 94 厘米，腰围 120 厘米，腰宽 7 厘米，褐色卍字纹暗花缎地，串枝西番莲花纹。其由两大片暗花缎组成，每片用裙料三幅半，幅宽 59 厘米。裙片两幅相搭 36 厘米，左右两袴各有三个对褶，裙腰两端各钉一丝带。裙长 69.5 厘米处，向里折回一段，缝以丝线，使裙下摆有所变化。

江西九江荷叶墩万黄氏墓出土的明代晚期曲水如意云纹罗裙（图 3-44），为折褶裙，裙长 83 厘米，腰宽 40 厘米，前后裙门地两侧打对称的折襕，裙身正中由二片交叠成大褶，裙腰相连并和裙身缝缀在一起，两端钉有布襻，可以认为是马面裙的雏形。裙腰面料为褐色 1/1 平纹绢。裙身面料组织结构为 1：1 绞纱地上起 1/1 平纹花。纹样为曲水如意云纹，以曲水为骨架，中心填如意云纹。图案经向循环为 12 厘米，纬向循环为 9 厘米。曲水纹自宋元就比较流行，与如意云纹组合，寓意绵绵不断、如意永久。

据明代马面裙实物考察可知，除了少数暗花无襕马面裙，大部分明代暗花马面裙都织有襕纹装饰，如嘉兴王店李湘夫妇墓 M4 出土的明代四季花蜂蝶绸裙（图 3-45）、贵州张守宗夫妇墓女室出土的明嘉靖回云纹缎马面裙（图 3-46）、贵州张守宗夫妇墓女室出土的明代嘉靖时期麒麟芝草莲塘鹭鸶纹马面裙（图 3-47、图 3-48）、江苏镇江明墓出土的明代花卉纹绸马面裙（图 3-49、图 3-50）。其实物形制如下：

嘉兴王店李湘夫妇墓 M4 出土的明代四季花蜂蝶绸裙，裙长 71.5 厘米，腰宽 10 厘米，裙腰长 146 厘米。裙分两片，连属于裙腰，每片均由三幅半织物拼缝而成，相向各打三个褶。裙腰两端缝缀系带。纹样为四季花蜂蝶，底襕为羽葆、银锭、铜钱纹、璎珞纹，裙褶为中间合抱褶。

贵州张守宗夫妇墓女室出土的明嘉靖回云纹缎马面裙，回云纹缎，通长 90 厘米，腰围长 106 厘米，腰边宽 7.5 厘米，裙摆宽 368 厘米，摊开呈扇形，浅驼色暗花素缎，上有回形云纹、菊花纹样。裙门马面可打开，为左右打褶的马面裙。

贵州张守宗夫妇墓女室出土的明嘉靖麒麟芝草莲塘鹭鸶纹马面裙，茶色缎，裙

图 3-47　明　麒麟芝草莲塘鸳鸯纹马面裙　　　　图 3-48　麒麟芝草莲塘鸳鸯纹
　　　　（贵州张守宗夫妇墓女室出土）　　　　　　　　　马面裙裙襕纹样

图 3-49　明　花卉纹绸马面裙　　　　　　　图 3-50　花卉纹绸马面裙裙襕纹样
　　　　（江苏镇江明墓出土）

门开衩，左右打褶，摊开呈扇形，裙通长 78 厘米，腰围长 105 厘米，腰边宽 5.7 厘米，摆宽 368 厘米。膝襕宽 15 厘米宽，一圈本色麒麟芝草纹和连续回纹花边；下端裙边织本色底襕宽 20.5 厘米，包括 5.5 厘米的树纹和鹿鸟纹，以及叠缝一层 15 厘米宽莲塘鸳鸯纹罗纱。

　　古代绞经类暗花丝织物，是指以绞经组织和平纹或其他普通组织互为花地的经纬同色的单层提花丝织物。其因绞经组织的不同，可分为暗花纱（又分为"亮地纱"与"实地纱"）和暗花罗。在绞纱地上以平纹组织显花，称之为亮地纱，因为绞纱地透空大，显得亮，如浙江缙云飞凤山明墓出土的四合如意云纹亮地纱女裙、孔府传世墨绿地妆花纱蟒衣领缘部分的莲花杂宝纹纱等面料。实地纱是用平纹作地，以绞纱组织起花，如孔府旧藏明代晚期墨绿色暗花纱单裙（图 3-51），通长 95 厘米，腰围 106 厘米，下摆宽 204 厘米。三对褶，宽膝襕、窄底襕。二经绞地上以平纹组织显花，编织折枝莲花纹，间饰银锭、如意头、古钱、金锭、火珠等杂宝纹饰和云纹、凤纹、卍字纹、海马纹等。裙由六幅料拼缝而成，腰镶白色纱缘。中部饰云凤纹膝襕，上下卍字纹为边；裙边织海马纹等纹饰。裙摆内衬橘红暗花纱边，裙摆处露出内衬的一条橘红暗红纱边，除了能用来丰富裙子色彩外，还能防止裙摆磨损。尤其在裙子右侧打褶，接近裙身的面料还织有橘色条纹二条，和底摆露出的镶边呼应（详见后页底摆处）。

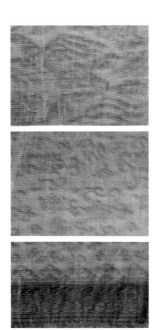

图 3-51　明 孔府旧藏 墨绿色暗花纱单裙（孔子博物馆藏）

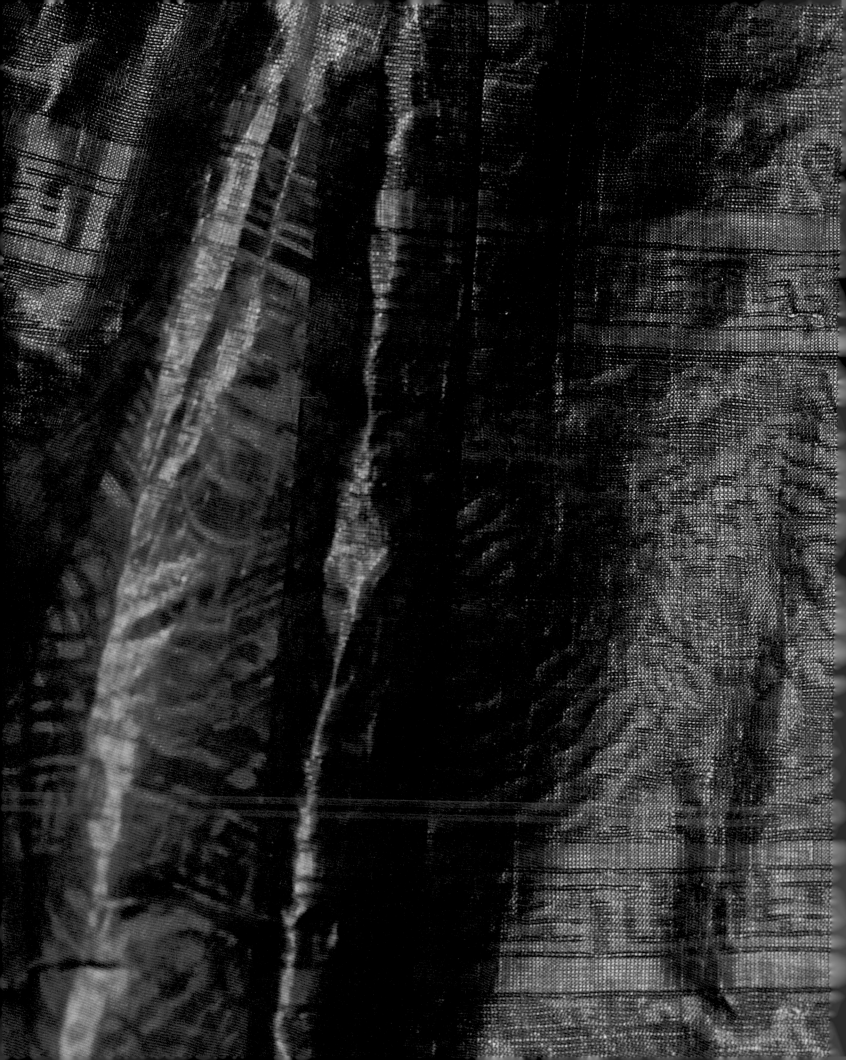

明 孔府旧藏 墨绿色暗花纱单裙局部（摄影：动脉影）

明 孔府旧藏 墨绿色暗花纱单裙局部（摄影：动脉影）

图 3-52　明 红织金八宝纹罗马面裙（北京定陵孝端皇后棺内出土）

三、织金马面裙

明代纺织流行遍地金装饰手法，将加入的金线织成小朵动植物花纹，四方连续排列，布满全幅布料。此种装饰形式多见于明代早期和中期版画、容像画等，其实物如北京定陵孝端皇后棺内出土的明万历红织金八宝纹罗马面裙（图 3-52），裙分作两大片，每片三幅半。每片中间为一合抱褶，向两侧各打四个褶。腰用素绢，宽 5.5 厘米，两端各钉绢带一条。裙下摆里面用暗花罗贴边，宽 5.5 厘米。织金八宝纹有银锭、珊瑚枝、云头、双犀角、金锭、火珠、单犀角、古钱、方胜。[22]

明代中晚期，马面裙织金襕极其流行。常州武进王洛家族墓葬出土马面裙的裙襕全部以金线织成，如武进王洛家族盛氏墓出土的如意云缎织金襕褶裥单裙、武进王洛家族王洛之子王昶继配徐氏墓出土的凤舞山花缎织金襕单裙和武进王洛家族华氏墓出土的凤穿牡丹折枝花缎织金襕残片。其中，武进王洛家族墓出土的明代如意云花缎织金襕褶裥单裙（图 3-53），裙长 92 厘米，裙腰长 116 厘米，下摆宽 120 厘米，马面宽 31.6 厘米。面料为黄绿色花缎。裙两侧各有 8 个裥，有马面，无腰。裙中段有用捻金线织的宽 11.3 厘米的饰带，饰有六吉、莲花、宝瓶和幡状纹等。下摆处有用捻金线织的宽 6.5 厘米的幡状纹饰带（图 3-54）[23]。凤舞折枝花缎织金襕残片（图 3-55），残长 57 厘米，残宽 45 厘米。面料为棕色花缎，花缎上织有凤凰、牡丹和莲花折枝花、杂宝等图案（图 3-56）。该裙织金襕的部分是以片金线花纬织入显花的，饰有对称的铃铎、羽葆、宝瓶、华盖等吉祥图案（图 3-57）。整体而言，武进王洛家族墓出土的马面裙纹样以典型的杂宝纹（法轮、法螺、宝幢、宝伞、双鱼、宝瓶、宝花、盘长、叠胜、双钱、铜钱、银锭、双角、象牙等），四合如意云纹，梅花、莲花、菊花、牡丹等花卉纹，以及羽葆、铃铎、璎珞等表达吉祥美好寓意和带有宗教性质的图案构成，形成了武进王洛家族盛氏和徐氏墓马面裙的主要装饰纹样。

22　王淑珍.明清女裙形制的演变及实例分析[J].文物天地，2020（11）.

23　贾玺增.中国古代马面裙研究——兼论清华大学艺术博物馆藏马面裙[J].东华大学学报（社会科学版），2023，23(1):48-61.

图 3-53　明　如意云花缎织金襕裥褶单裙
（常州武进王洛家族墓出土）

图 3-54　如意云花缎织金襕裥褶单裙裙襕纹样

图 3-55　明　凤舞折枝花缎织金襕残片（常州武进王洛家族华氏墓出土）

图 3-56　明　凤穿牡丹折枝花缎纹样（常州武进王洛家族华氏墓出土）

图 3-57　凤穿牡丹折枝花缎织金襕纹样（常州武进王洛家族华氏墓出土）

图 3-58　明 孔府旧藏 蓝色缠枝四季花织金妆花缎马面裙（山东博物馆藏）

四、妆花马面裙

　　"妆花"是织造技法的名称，是指以彩色纬纱以二重纬的方式通过通梭或短梭的工艺技法显现花纹。明代的妆花织物，在织造工艺技术上更趋成熟，织物品种繁多，有"妆花纱""妆花罗""妆花缎""妆花绢""妆花锦"等。"妆花"织物加织金线的更为贵重，称"织金妆花"。明代《天水冰山录》记录查抄严嵩家时抄的大批织物中有妆花缎、妆花纱、妆花罗、妆花绢等多种"妆花"名目。此外，在山东曲阜孔府旧藏的明代服装中，云锦妆花面料也非常多，如墨绿地妆花纱蟒衣、明代葱绿地妆花纱蟒裙（见图3-25）、驼色缠枝莲地凤襕妆花缎裙、柿蒂窠过肩蟒妆花罗袍和山东博物馆藏孔府旧藏明代蓝色缠枝四季花织金妆花缎马面裙（图3-58、图3-59）等。山东博物馆藏孔府旧藏明代蓝色缠枝四季花织金妆花缎马面裙，长88厘米，腰围104厘米，上部镶红色纱裙腰，蓝色缎织锦膝襕为缠枝四季花，底襕有三道裙襕，从上至下依次为织金云鸾纹、凤穿牡丹、五彩丝线挖织凤穿牡丹、莲花、璎珞、如意、法螺、铃铎、羽葆、宝珠等纹样。

图 3-59　明 孔府旧藏 蓝色缠枝四季花织金妆花缎马面裙（山东博物馆藏）

明 孔府旧藏 蓝色缠枝四季花织金妆花缎马面裙局部（摄影：动脉影）

明 孔府旧藏 蓝色缠枝四季花织金妆花缎马面裙局部（摄影：动脉影）

图 3-60 明 孔府旧藏 红色暗花缎绣云蟒马面裙（山东博物馆藏）

五、绣花马面裙

出于装饰的目的，明人也会在素色马面裙的裙幅下边一二寸部位刺绣纹样，缀以一条花边，作为压脚。其实物如山东博物馆藏孔府旧藏白色暗花纱绣花鸟纹马面裙、山东博物馆藏孔府旧藏明代红色暗花缎绣云蟒裙和山东博物馆藏孔府旧藏明代桃红色暗花缎绣云蟒马面裙。其实物具体形制如下：

山东博物馆藏孔府旧藏明代红色暗花缎绣云蟒裙（图 3-60），裙长 88 厘米，腰围 120 厘米。裙分两片，每片均由三幅织物拼缝而成，左右相向各打四褶。上部镶白色暗花缎裙腰，两侧缝缀扣襻。裙襕部位采用平金绣等技法绣云蟒、杂宝、海水江崖等纹饰。裙身面料为红色暗花缎，织造精细，提花清晰。

图 3-61 明 孔府旧藏 桃红色暗花缎绣云蟒马面裙（山东博物馆藏）

山东博物馆藏孔府旧藏明代桃红色暗花缎绣云蟒马面裙（图 3-61），桃红实地纱织暗花纹，织造精细，提花清晰。裙长 87 厘米，腰围 124 厘米，腰高 11.5 厘米。裙分两片，每片均由三幅织物拼缝而成，六幅织成式。白色实地纱裙腰，两组褶，每组八个褶裥。上部镶白色暗花缎裙腰，两侧缝缀扣襻。裙襕部位采用平金绣等技法绣云蟒、杂宝、海水江崖等纹饰。裙底使用片金勾边。

荷花　　　　　　　　　　五爪　　　　　　　　　　山茶花

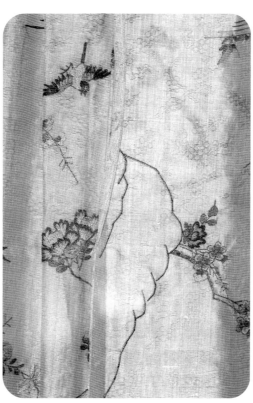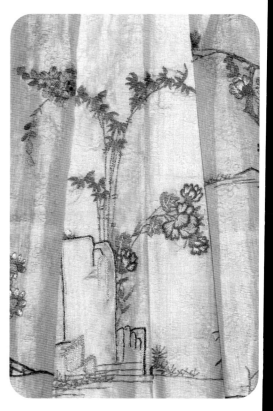

明 孔府旧藏 白色暗花纱绣花鸟纹裙局部（摄影：动脉影）

图 3-62　明 孔府旧藏 白色暗花纱绣花鸟纹裙（山东博物馆藏）

山东博物馆藏孔府旧藏白色暗花纱绣花鸟纹马面裙（图 3-62、图 3-63），以白色暗花纱为地，暗花纹样为折枝梅花纹，裙腰部分采用白色暗花纱，纹样为菱纹；用料与裙身风格相近。左右两纽襻，系带穿着，裙身与裙腰交接处位于裙腰的二分之一处，被包裹在内。裙身由两大片暗花纱构成，前后两裙门，裙门宽阔素净。裙左胁与右胁处理手法相同，均左右相向各打四褶，通身十六褶。在裙身 1/3 下摆处，以彩色丝线绣出生机勃勃的花鸟图卷。刺绣手法为典型的鲁绣，鲁绣是山东地区的代表性绣种，以北方特有的野生柞蚕丝为原料，制作成双合股丝线，也称"衣线"，其质地结实，所绣物品立体鲜活。此裙下摆处纹样以鲁绣手法绣园林花鸟纹，从左至右，从上至下纹饰内容各不相同，充满自由灵动的气息，布局疏朗，纹饰丰富，花鸟小巧，以线性构图贯穿纹样始终，勾勒出山石、阑干、地台等，其间穿插有池塘、莲花、牡丹、石榴、蜀葵、牵牛花、竹子、梅花、蝴蝶、翠鸟、燕子、栏杆、小桥等，共同营造出一番恬静的庭院小景。整体观之，此裙用料华美、用色淡雅、纹样自由、绣法独特，是一件罕见且秀美的明代马面裙。

图 3-63　明 孔府旧藏 白色暗花纱绣花鸟纹裙
（山东博物馆藏）

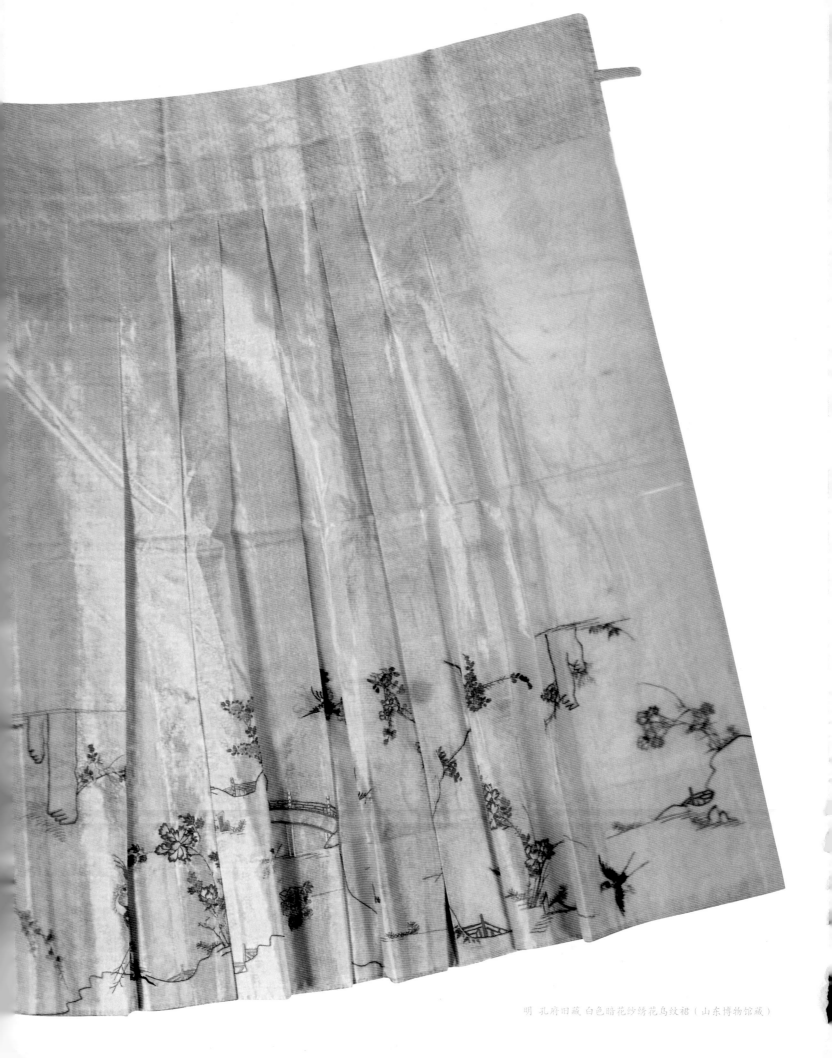

明 孔府旧藏 白色暗花纱绣花鸟纹裙（山东博物馆藏）

明 孔府旧藏 白色暗花纱绣花鸟纹传衣（局部一，南面收藏）

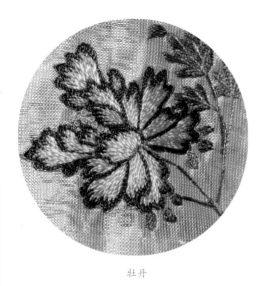

牡丹　　　　　　　　　　　　　　五花玉龙　　　　　　　　　　　　　　木芙蓉

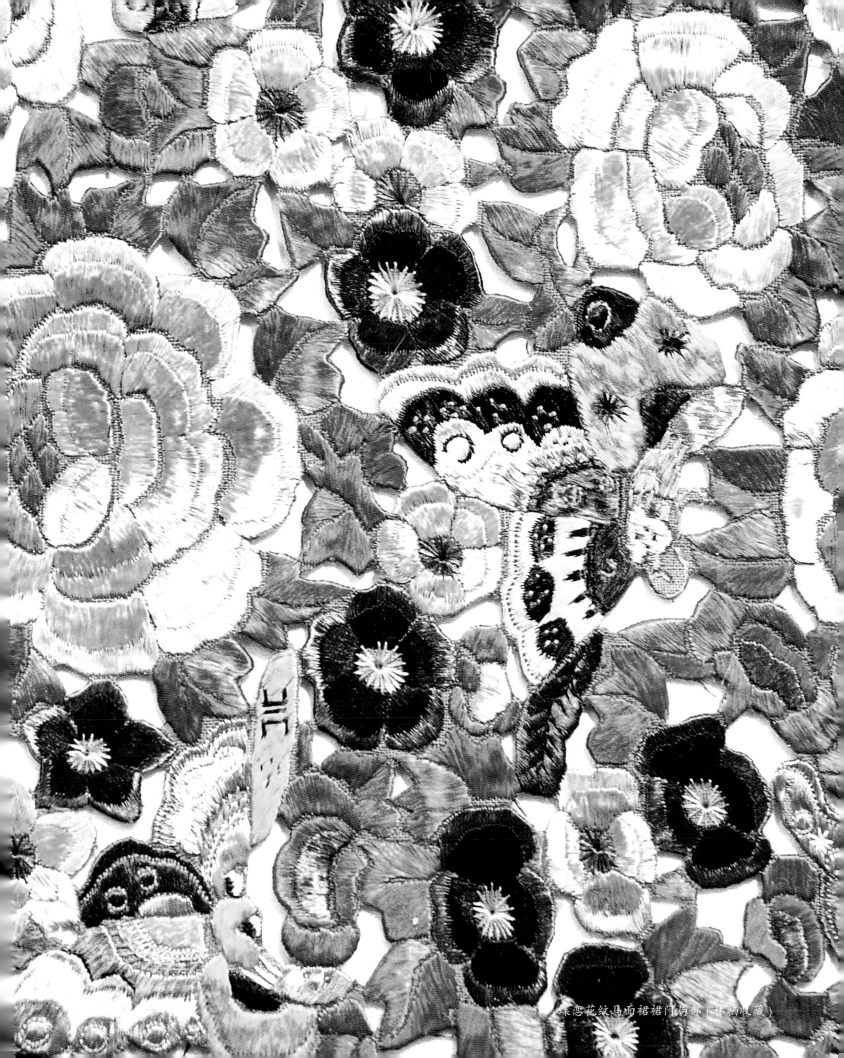

蝶恋花纹马面裙裙门局部（林栖收藏）

第四章 清代及二十世纪初马面裙

马面裙至清代盛极一时，成为清代女性非常喜欢穿着的日常和标志性服装款式（图4-1、图4-2）。相较于前代，清代马面裙装饰性越发复杂，体现了清朝人的审美趣味。

清代马面裙保持了明代马面裙两片式结构，裙腰既有一整条的，也有二条裙腰的形式。二条裙腰的马面裙，穿着时需要将裙腰上的扣子或绳系好。清代马面裙裙腰部分多用白色，取"白头偕老"之意。但"从清华大学艺术博物馆藏的马面裙头颜色也可看出，确实白色的裙头使用比较多，有18件，同时也有其他色系的马面裙头，如：'红色系4件，蓝色9件，灰色1件。'马面裙头部分的材料选用一般为棉布、亚麻布，因对围系之裙而言，腰头采用此料摩擦力大，不易滑落且更耐磨。"[1]

清代马面裙的裙身处多有创新，而衍生出阑干裙、百褶裙、鱼鳞百褶裙、凤尾裙、马面凤尾裙等多种裙式。

1 高文静.宏观展现和微观表达[M]//赵丰，王淑娟.中国博物馆协会服装与设计博物馆专业委员会 2022 年研讨会论文集.北京：中国纺织出版社，2023：145-154.

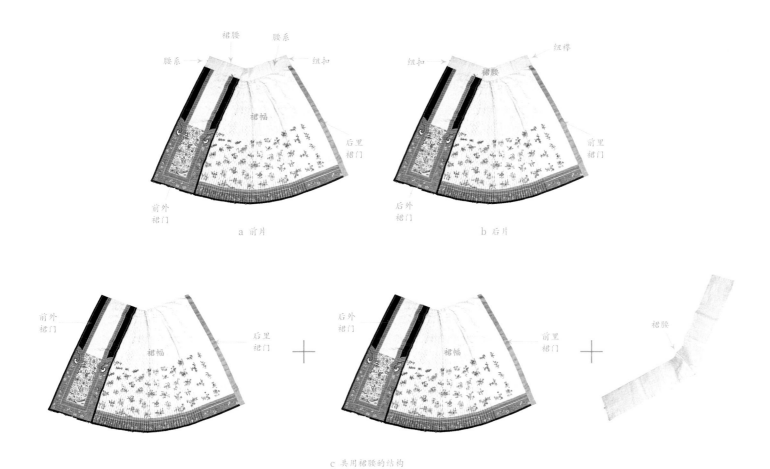

a 前片　　　　　　　b 后片

c 共用裙腰的结构

图 4-1　清代马面裙结构图

图 4-2　清代老照片中穿着马面裙的女性（吉美博物馆藏）
　　　　图片出自《伯希和中亚考察团摄影集》拍摄者 Paul Pelliot 等人，1906—1909 年

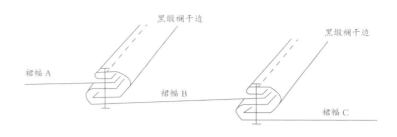

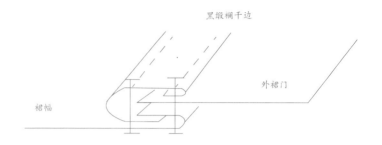

图 4-3　阑干缝制图

第一节　阑干裙

　　清代马面裙，用于增加活动空间的由矩形面料折叠而成的褶裥结构，被三角形或梯形面料拼接且拼缝处装饰阑干的工艺结构取代，时称"阑干裙"。[2]

　　"阑干裙"的阑干缝制工艺是先将裁剪好的裙幅按照顺序排列好，将裁片边缘缝合，面料两边边缘叠合，接着用45度黑色缎边斜条扣成0.5厘米宽的包条，先缝一边然后翻过来缝合另一边，缝合固定，最后按设计倒向烫平包条。其裙幅与裙门相连的裙幅面料与外裙门面料边缘叠合，再用黑色缎边包住缝合固定（图4-3）。

　　清代阑干裙的前后裙门处，均有装饰极其精美繁复的如意云头镶边，这不仅丰富了裙子的装饰语言，还巧妙地将人们的视觉重心引导、集中在裙子最精美的马面部分。

2　贾玺增.中国古代马面裙研究——兼论清华大学艺术博物馆藏马面裙[J].东华大学学报（社会科学版），2023，23(1):48-61.

图4-4　百褶马面裙结构示意图

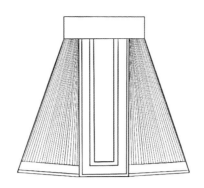

图4-5　清 粉色提花绸饰粤绣挖云镶边鱼鳞褶马面裙背面
（北京服装学院民族博物馆藏）

图4-6　清 粉色提花绸饰粤绣挖云镶边鱼鳞褶马
　　　 面裙正面（北京服装学院民族博物馆藏）

图4-7　清 红暗花绸地绣地景梅蝶纹百褶鱼鳞
　　　 马面裙局部图（清华大学艺术博物馆藏）

图4-8　清代女子着百褶裙效果

第二节　百褶裙

　　清代流行百褶裙，裙身打裥逾百、细密有序，也称"百裥裙"。李斗《扬州画舫录》卷九记载："近则以整缎褶以细裥道，谓之百折。"[3]百褶裙的两侧向中间压褶，每褶仅宽1厘米左右（图4-4），固定褶裥，时称"顺风褶"。

　　晚清《清代北京竹枝词·时样裙》称："凤尾如何久不闻？皮棉单夹费纷纭，而今无论何时节，都着鱼鳞百褶裙。"[4]为了使这些细褶不易散乱、走形，以一定的方式用细线绗缝交叉串联固定褶裥，穿着者行走时，裥部形似鱼鳞鳞甲，故称"鱼鳞裙"或"鱼鳞百褶裙"[5]。纵向褶隔2厘米左右固定缝合，横向活褶缝合点上下交错，如此类推，整个褶面呈有弹力的活褶皱，"鱼鳞褶"细腻均匀，颇具美感。鱼鳞百褶裙的腰头与褶裙相接的位置，内里用"大针码"来固定裙褶，缝线形成十字交叉外形，增加鱼鳞褶的褶裥牢度。类似的固定方式，并不影响穿着效果。其实物如北京民族博物馆藏粉色提花绸饰粤绣挖云镶边鱼鳞褶马面裙（图4-5、图4-6）及清华大学艺术博物馆藏红暗花绸地绣地景梅蝶纹百褶鱼鳞马面裙（图4-7）。女子穿着效果如图4-8所示。

3　李斗.扬州画舫录 [M].北京:中华书局,1980.

4　李家瑞.北平风俗类征·上 [M].北京:商务印书社,1937:270.

5　包铭新，高冰清.论晚清民国时期围系之裙到套装之裙的演变 [J].东华大学学报（社会科学版）,2006（1）:1-7.

图 4-9　彩绘木俑所着间色裙

（新疆吐鲁番阿斯塔那出土，大英博物馆藏）

第三节　月华裙

清初李渔在《闲情偶寄》中提道："一裙之中，五色俱备，犹皎洁月之现华光也。"[6]叶梦珠《阅世编》也有记载："有十幅者，腰间各褶用一色，色皆淡雅，前后正幅，轻描细绘，风动色如月华，飘扬绚烂，因以为名。然守礼之家，亦不甚效之。"从这两段文字描述中，我们可以得知月华裙的特征，即褶裥的颜色绚烂，就如同皎月之华光，故名月华裙。月华裙自明末清初便已出现，但叶梦珠提到"守礼之家，亦不甚效之。"[7]而李渔也曾说到月华裙的制作十倍于常裙，且盖体之裙色宜纯不宜杂。可见两者对于月华裙制作所耗费的人工物料、形制色彩均有看法。一是认为色彩过多有轻浮之感，二是人工费及物料费是普通裙装的十倍。由于工料过于浪费，清人李渔称月华裙"人工、物料，十倍常裙，暴殄天物，不待言矣。"[8]由此可见，月华裙在最初出现的时候，人们对其并不认同。直至康熙年间，月华裙逐渐得到人们的认可，谓之为"吴门新式"。大家闺秀、小家碧玉均可穿着，月华裙开始逐步演变为苏州的潮流服饰。新式二字也体现出清代苏州女子勇于追求新奇多变的着装效果。

清代流行的间色裙早自唐代已有，如唐代陆龟蒙《记锦裙》记载了其对一条南北

6 ［清］李渔.闲情偶寄［M］.上海：上海古籍出版社，2000：158.

7 ［清］叶梦珠.阅世编［M］.引自《中华野史》（11），济南：泰山出版社.2000：831.

8 ［清］李渔.闲情偶寄［M］.杭州：浙江古籍出版社，2014:117.

图 4-10 唐 间色裙实物如昭陵唐墓壁画仕女

图 4-11 唐 女木俑所穿的间色裙

朝锦裙的赞叹："李君乃出古锦裙一幅示余，长四尺，下广上狭，下阔六寸，上减三寸半，皆周尺如直。其前则左有鹤二十，势若飞起……界道四向，五色间杂。道上累细钿点缀，其中微云琐结，互以相带，有若驳霞残虹，流烟堕雾。春草夹径，远山截空。坏墙古苔，石泓秋水，印月浸漏，粉蝶涂染，缤豆环佩，云隐涯岸，浓淡霏拂，霭抑冥密，始如不可辨别。"[9] 文中所谓"五色间杂"实物如大英博物馆藏新疆吐鲁番阿斯塔那出土的彩绘木俑所着间色裙（图 4-9）。

从出土资料看，唐代女裙中以两色布帛相拼而成的"间色裙"最为常见。裙子穿在身上，有修长的视觉效果，但其制作靡费既广，费时费工。据《旧唐书·高宗本纪》载："其异色绫锦，并花间裙衣等，靡费既广，俱害女工。天后，我之匹敌，常着七破间裙。"[10] 文中"七破"是指裙上被剖成七道，以间他色，拼缝而成。多者可达"十二破"甚至更多，唐朝政府曾规定"凡间色衣不过十二破"，奢侈者还会在拼缝处绣金线界道，再缝缀珠玉花钿，时称"花间裙"。唐代间色裙实物如昭陵唐墓壁画仕女（图 4-10）、新疆吐鲁番阿斯塔那张雄夫妇墓出土的唐代女木俑所穿的间色裙（图 4-11）。[11]

9 辛文房.唐才子传笺证 [M].北京:中华书局,2010:1964.

10 刘昫,等.旧唐书 [M].北京:中华书局,1975.

11 贾玺增.中国古代马面裙研究——兼论清华大学艺术博物馆藏马面裙[J].东华大学学报(社会科学版),2023,23(1):48-61.

第四节 凤尾裙

　　凤尾裙是一种由彩色条布接于腰部而成的条状女裙。这些布条在末端裁成尖角，外观灵动飘逸，走动时洒脱自由且形似凤尾而得名，流行于明朝至乾隆年间[12]。清代李斗《扬州画舫录》卷九载："裙式以缎裁剪作条，每条绣花，两畔镶以金线，碎逗成裙，谓之凤尾。"[13]其中两条较阔，余均做成狭条。每条绣以不同花纹，两边镶绲金线，或缀以花边。背部则以彩条固定，上缀裙腰。穿着时须配以衬裙，多用于富贵之家的年轻女子，士庶妇女出嫁时亦多着之。清代中期以后，由于百褶裙逐渐流行，其制渐衰。

　　据祁姿妤《清代马面裙形制研究》载："清代凤尾裙的出现，很有可能是满族人入关之后，将萨满宗教巫术与汉族服饰相融合的结果，因为萨满巫师正是要穿着这种服饰旋转跳舞。这样的服装装饰用断开的缎带系上铃铛，正是为了能够使人在跳跃、旋转时，身上的彩条能够散开，铃铛能够发出声响而制作的。"[14]"法衣也称'神衣'，达斡尔语称为'扎瓦'。萨满的法衣前部钉有八个铜扣和一个大面铜镜，背部有一大四小五个铜镜，腰部扎有一条钉着六十个铜铃的腰带，双肩配有布制的雌雄鸟，背部从腰际以下穿神裙。神裙背面在腰部以下部分是熟软皮制的条状身裙，十二条裙带末端均为剑头形状。它由绣着日月和'松下立鹿'的上下两层共二十四条飘带组成。跳神时，法衣上的铜镜闪闪发光，铜铃叮当作响，飘带在萨满的旋转跳跃中上下翻飞，加之咚咚的鼓声和萨满的唱声，增强了萨满跳神活动的神秘感，能够放大鄂温克人对萨满的崇拜心理。"[15]不同的民族与文化之间的相互借鉴所形成的新服饰，通常会更为广泛地受到人们的关注与喜爱，其生命力也更为顽强和茂盛。在满族、蒙古族以及萨满服中，裁剪成条状的服饰能频繁见到。萨满法衣的装饰元素有铜扣、铜镜、铜铃等，神裙下端为剑形，此种装饰元素和"红色缎绣人物花卉纹官衣"的装饰元素极其接近，由此也可推断出，萨满法衣与戏曲中的官衣存在着一定的传承。

　　凤尾裙的颜色大多绚丽无比，这可能和凤鸟"五彩兼备"的特征有所关联。凤鸟崇拜自古有之，它有"仁、义、礼、德、信"的美好品质，且"见则天下安宁"，故而帝王服饰上的十二章纹，有一章即"华虫"寓意"文采"。凤尾裙出现的年代约在清中期，非常有趣的是，我们可以从清人文献中感受到，最初人们对于颜色多样的月华裙存在一定的偏见，认为其奢侈且浮夸。如李渔认为月华裙："人工物料，十倍常裙，暴珍天物，不待言矣，而又不甚美观。盖下体之服宜淡不宜浓，宜纯不宜杂。"而叶梦珠也在《阅世编》记载："有十幅者，腰间各褶用一色，色皆淡雅，前后正幅，轻描细绘，风动色如月华，飘扬绚烂，因以为名。然守礼之家，亦不甚效之。"

12　包铭新.CHINESE LADY'S DAILY WEAR IN LATE QING DYNASTY AND EARLY REPUBLIC PERIOD[J].Journal of China Textile University (English Edition),1991(3):9-21.

13　[清]李斗.扬州画舫录[M].北京：中华书局，1980：195.

14　祁姿妤.清代马面裙形制研究[D].北京：北京服装学院,2012：68-69.

15　同14.

图4-12　凤尾裙舞衣（明尼阿波利斯艺术博物馆藏）

但是到凤尾裙出现的时候，人们的态度却发生了转变，原因或许有二：一是清初崇尚简约，而乾隆之后社会审美发生转变，人们开始喜欢繁复的装饰手法，崇尚奢靡；二是凤尾裙的多彩被赋予了神话色彩，有祥瑞之意。

　　黄能馥总结凤尾裙的样式可分为三种："第一种是裙腰间下坠绣花条凤尾；第二种是在裙子外面加饰花条凤尾，每条凤尾下端垂有小铃铛；第三种是上衣与下裙相连，肩附云肩，下身为裙子，裙子外面加饰绣花条凤尾，每条凤尾下端垂小铃铛。第三种凤尾裙，在戏曲服装中被称为'舞衣'，在生活服装中也作为新娘的婚礼服用。"[16]

　　裙腰间下坠绣花条凤尾，又因凤尾裙由裙带组成，因此，民间又称之为"十带裙"。裙子外面加饰花条凤尾裙。凤尾裙因布条之间空隙较大，其长度亦不同，不能单独穿着，常作为附属服饰围系于马面裙之外。装饰与马面裙有对应之处，前后有类似于裙门的平幅，平幅上也绣有龙凤图案。各布条上皆有绣花，有的还在凤尾下端缀有小铃铛。[17]穿上之后每走一步叮当作响，旧时是为了让女孩子从小学习"移步金莲"的优雅而设计的，民间俗语形容这种装束："十带裙呛啷啷，木底鞋子吭哨哨。"[18]清代末年出现了将凤尾裙缝于马面裙之外的形制，两者合二为一，故称凤尾马面裙。[19]

16　黄能馥．著．黄文兵．编．中国现代艺术与设计学术思想丛书 黄能馥文集[M].济南：山东美术出版社，2014:68.

17　包铭新．高冰清.论晚清民国时期围系之裙到套穿之裙的演变[J].东华大学学报（社会科学版），2006（1）:1-7.

18　崔荣荣.汉民族民间服饰[M].上海：东华大学出版社，2014:10.

19　同17.

清中后期开始，凤尾裙常在礼仪及婚嫁的场合中出现，后来也衍生了不同的形式。有一种形式为上衣与裙装相连，衣摆下坠飘带，长至脚踝。服装下半部分的飘带与凤尾裙的基本构成单位"凤尾"极为相似。这种上衣装饰凤尾的样式，也常在戏曲演出中出现，称作"舞衣"。其实物如明尼阿波利斯艺术博物馆藏的凤尾裙舞衣（图4-12）。领口搭配四合如意云肩及流苏，前后身以祥云装饰与裙身相连，围系于马面裙之外成为凤尾裙舞衣。

"霓裳羽衣曲"是唐代最负盛名的宫廷歌舞。"霓裳一曲千门锁，白尽梨园弟子头。""千歌万舞不可数，就中最爱霓裳舞。""我爱霓裳君合知，发于歌咏形于诗。"[20] 迄今为止，"霓裳羽衣"一词仍是人们心中美好的存在。"霓裳羽衣曲"乃唐玄宗李隆基所作，爱妃玉环依韵编舞，终成千古绝响。时至今日，我们依然可以从唐代诗人白居易的《霓裳羽衣舞歌》感受到此舞的片羽吉光。人间难得几回闻的轻歌曼舞，定然需配人间难得一见的华美霓裳。白居易诗中便有叹曰："案前舞者颜如玉，不著人家俗衣服。虹裳霞帔步摇冠，钿璎累累佩珊珊。"

千载岁月悠悠，历史长河中有多少人为"霓裳羽衣曲"的失传叹息不止，又有多少人为"霓裳羽衣"的形制畅想至今。有言霓裳羽衣乃"下着霓裳，上着羽毛。霓为青赤色彩虹，霓裳是指若虹之裙，而羽衣则是指鸟类羽毛所编织的衣服。"此说法也受到了一些质疑，原因有二：其一是唐安乐公主曾猎杀百鸟，为己裁制羽衣，其残忍行径竟致数种鸟类灭绝，招致众怒。玄宗发动政变后，曾命后宫女子上缴包含羽服在内的奇服，于大殿内烧毁。因此，杨贵妃所着之霓裳羽衣，定然不是采用鸟羽所制成；其二是霓裳羽衣之名，虽有"羽"字，并不代表服饰上一定有真的羽毛，很可能是采用丝绸材料，通过裁剪等方式摹制禽羽。

白居易《霓裳羽衣舞歌》全诗两次提及羽衣，均作霓裳羽衣连用，并未出现任何关于羽毛的描述。因羽衣极罕见，诗人若目睹了这传闻中的羽服，当会有所叹，然文中却未见，这也流露出一种可能性，即"霓裳羽衣"的形制或为衣裳相连式，"霓"与"羽"二字则是形容此服的两个显著特征：一是服色若炫彩之虹可称"霓"；二是服形似飘羽之带可称"羽"。而"虹裳霞帔步摇冠，钿璎累累佩珊珊。"这两句则说明，此衣裳肩部有霞帔且周身饰物繁多。

唐代"霓裳羽衣"的绝世风采，今人只能从片言只语中去猜度。然清人心中的"霓裳羽衣"，我们却可在申报馆编印的《点石斋画报》中寻出踪迹。1884—1889年，其刊录了一出名为"演剧笑谈"的时事。结合图文，我们可以一览时人心中霓裳羽衣的具体形制（图4-13）。

《点石斋画报》中载有"演剧笑谈"的故事，其配文曰："昔唐明皇信崇道教，凭道士叶法善之力中秋之夕，导引升天畅游月宫，备聆仙乐记其节奏谱成霓裳羽衣之曲。稗史所载，原属梦中之事，灵缈无凭，后世援为故事，搬演成剧，由来已久矣，不足异也。乃当袍笏登场之际，竟有手舞足蹈若或凭依者，是何故耶？据客言邗江某宦家，于题糕令节台集菊部，开场演剧至游月宫一出，有某老生宽袍阔袖，扮作

20 ［清］曾国藩篆；乔继堂编．十八家诗抄 中[M].上海：上海科学技术文献出版社，2020：694-695.

图 4-13　点石斋画报 中报馆编印 1884—1889 年（巴伐利亚州立图书馆藏）

图 4-14　升平署脸谱之公主扮相
（中国国家图书馆藏）

唐皇模样，大踏步而出。忽高呼曰：'汝何人斯，有何运量，敢以小人面目谬穿天子衣冠耶？'言毕，指旁演叶法善者，怒目而视，座客为之粲然，班中人知其发疯也，遂以他伶代之，或谓该班素崇奉老郎神，夜必设祭是夕，偶尔遗忘致有斯变，予谓不然，此必厉鬼讬名唐皇，盗人间香火，乃敢为祟大庭广众间，不亦异乎？"[21] 从内容可知，图中所绘之剧，正乃玄宗神游月宫得遇仙女的故事。显而易见，仙女所着之"霓裳羽衣"乃为戏衣中的"宫衣"。京剧中公主等角色可穿此服，此观点在清代《升平署的脸谱》中也得到印证（图 4-14）。

在京剧《贵妃醉酒》中，杨贵妃所着之服为"宫衣"。关于贵妃醉酒的故事，有趣闻道：公元 745 年，玄宗在册立贵妃的仪式上，命乐队演奏了"霓裳羽衣曲"，贵妃用心揣摩编舞；公元 751 年，玄宗本与贵妃约好于百花亭共宴，却失约于贵妃，改赴梅妃处。贵妃久候君王不至，得知实情后，心中郁结难解，唯有借酒浇愁。一阵阵酒意袭来，心头千思万绪皆化为歌舞，后贵妃便在木兰殿跳了震惊世人的霓裳羽衣舞。显然，霓裳羽衣舞成与贵妃被失约后醉酒歌舞存在关联。虽传言只值一笑，然今京剧中，贵妃着"霓裳羽衣"醉酒歌舞之景，或暗示此两者存在某种因缘际会。

从"演剧笑谈"的配图中可知，戏台所演剧目并非《贵妃醉酒》，倒与《太真外传·梦游月宫》甚为相似，但《梦游月宫》中"杨妃"扮相却与此处差异较大，常为素裳配红披帛，可能这与后世将杨妃与月中嫦娥形象相融后，产生的服饰流变有关。

周锡保认为凤尾裙乃清代康熙、乾隆年间出现的。一是因清人李斗所著《扬州画舫录》有载："……裙式以缎裁剪作条，每条绣花两畔，镶以金线，碎逗成裙，谓之凤尾。"[22]《扬州画舫录》是清乾隆年间关于扬州风貌记录的著名笔记。可见，凤尾裙在清中叶已然流行。二是清初作家洪昇曾创作戏剧《长生殿》，戏中增添了唐明皇游览月宫之事，其定稿为康熙二十七年（1688 年）。三是升平署作为清代掌握宫廷戏曲演出活动的机构，最早便始于康熙年间。

21　高文静.凤旋虹裳曳广带 球姿艳逸醉凤态——霓裳羽衣新说[N].中国艺术报，2022-08-29(005).

22　[清]李斗著.扬州画舫录[M]北京：光明日报出版社，2014：79 页.

图 4-15　红色缎绣人物花卉纹宫衣正面（清华大学艺术博物馆藏）

图 4-16 红色缎绣人物花卉纹宫衣背面（清华大学艺术博物馆藏）

73

图4-17 《贵妃醉酒》剧中的"宫衣"

图4-18 苗族女子身着凤尾裙与百褶裙搭配的民族服饰

舞衣凤尾裙实物如清华大学艺术博物馆藏红色缎绣人物花卉纹宫衣（图4-15、图4-16）。"宫装也称宫衣，舞衣。是后妃、公主、郡主及某些高官家小姐的常礼服。宫装与女蟒相比，其庄重的程度不及女蟒，而华丽的程度则有过之无不及。宫装之式样为圆领、对襟、肥身、阔袖，上衣下裙连为一体，腰际为带形装饰，上衣红缎绣花，两袖近水袖部分有数道横条彩绣（即所谓'趟袖'），下裙部分配有二层或两侧彩色绣花飘带，共有几十条之多。上身外加小立领'云肩'，云肩上也有相应的彩绣图纹，云肩的边缘则缀有黄色丝穗。宫装的特点是色彩丰富，繁丽高贵，适于舞蹈，随着舞蹈动作的展开，飘带、丝穗、水袖纷纷飘拂舞摆，极富动感。《贵妃醉酒》的杨玉环、《状元媒》的柴郡主、《彩楼配》和《三击掌》的王宝钏、《断密涧》的公主便都穿宫装。"[23]

此服圆立领，衣裳相连。肩部有三层彩色云肩，均作八如意云头式，上绣有36人，神情各异，姿态生动。腰际以上，以大红色缎为地；采用盘金绣，绣花卉状四合如意云纹，其内间饰万字纹、花卉纹，一起构成网状装饰底纹；其上采用平针、打籽、戗针等多种绣法，绣出鸾凤、梧桐、牡丹、兰花、梅花、菊花、皮球花等各式纹样，可谓"锦上添花，花上生华"。舒袖宽大，左右袖口各镶缀11条彩绣花边，共22条，名趟袖，以"百子图"为题材。腰部罩腰围，以青色缎为地，彩绣花卉博

23 刘琦著．京剧行头[M]. 天津：百花文艺出版社，2008:99.

图 4-19　清末民初新娘出嫁着装图

古纹、纹饰丰富，针法多样。裳部分则由百褶裙与凤尾裙共同构成，凤尾缎裁剪作条，末端裁剪成宝剑形状，共 82 条，色彩各异，底端缀有葡萄形铃铛，寓"多子多福"。凤尾部分沿用了布条式剪裁的形制，由双层凤尾绣片组成，色彩丰富、刺绣精美，非常华丽。此服仅刺绣各色人物就达 248 个，且云肩、趟袖、腰围及凤尾部分均错落钉缀有 1.3 厘米的银色金属圆片，与金绣纹饰光泽相互作用，呈现出流光溢彩、璀璨夺目的视觉效果，乃是刺绣服饰的鸿篇巨制。

　　试想扮演杨贵妃的名角，着此"霓裳羽衣"登台而舞，必通身五彩霞光满溢，动时风袖飞旋如有情，广带飘逸云欲生，铜铃作响和仙音，飞鸾展翅翱翔九天。梅兰芳先生曾创作并出演《贵妃醉酒》一剧，剧中他便有着"宫衣"的扮相（图 4-17）。唐人的"霓裳羽衣"究竟为何模样，今已难有确切结论。但透过清人的目光，我们依旧可以领略这"霓裳羽衣舞"的惊鸿之姿[24]。我国少数民族服饰中也有凤尾裙的体现，如苗族女子身着凤尾裙与百褶裙搭配的民族服饰（图 4-18）。

　　清代后期，凤尾裙形制开始与马面裙相交融，形成凤尾马面裙。尽管初始时，凤尾裙与马面裙存在结构上的差异，但最终两者还是相互交融。到了清末民初之际，马面裙由围合之裙转变成套穿之裙。红色阑干裙样式的马面裙被用作新娘的结婚礼服裙（图 4-19）。

24　高文静.风旋虹裳电广带 瑰姿艳逸醉风态——霓裳羽衣新说[N].中国艺术报，2022-08-29(005).

第五节 红喜裙

中国现代著名女作家张爱玲在《更衣记》中谈及清末女裙色彩时称："通常都是黑色，逢着喜庆年节，太太穿红的，姨太太穿粉红。寡妇系黑裙，可是丈夫过世多年之后，如有公婆在堂，她可以穿湖色或雪青。"[25] 清朝汉族命妇穿着外褂时，下身搭配长及脚踝的马面裙，颜色通常以红为贵，这种马面裙就是民国时期红喜裙的前身。

1912年《申报》便有云："女子礼服亦甚简单，曰套，其式与前清时女人所穿大褂同（南方谓之披风）。"这里的褂常与红裙一起合称为"褂裙"，通常用作新婚时女子婚礼的服装。这件"青缎地平金银潮绣龙凤呈祥褂"（图4-20）及"红缎地戗针折枝月季阑干红喜裙"（图4-21）即当年新娘结婚的一套礼服样式。

"褂裙"，顾名思义由褂与裙组成，"青缎地平金银潮绣龙凤呈祥褂"为典型的粤绣，圆立领、对襟、直身、大袖，左右与背面三开气。周身满布平金纹样，又以红色钉线绣营造出不同的层次。纹样线条流畅、流转灵动。正背主花相同，都为两龙两凤，对襟两侧饰两小龙，袖上、下摆均有龙凤饰之[26]。

红缎地戗针折枝月季阑干红喜裙，一片式玫红色棉布裙腰，两侧两纽襻，前后裙门以彩色丝线绣折枝花卉纹，裙两胁各制十条阑干，并纵装饰四朵荷花纹，与马面处装饰不同呼应，缘边饰有波浪形白色花卉花边。从这件裙装，我们可以看到在清末民初之际，马面裙受到西方文化的影响越来越大，逐渐变得更为贴身，趋向平面化。裙两胁的阑干越来越简约，裙下摆弧度越来越小。裙上镶嵌的花边也开始大量采用外来的蕾丝，有的裙扣渐渐出现了塑料纽扣。这些信号都在向我们传递着，传统的马面裙已经逐渐消失在历史的舞台上，取而代之的是更加便捷的裙装式样。

25 张爱玲. 流言[M]. 广州：花城出版社，1997：14-16.

26 高文静. 宏观层面和微观表[M]// 赵丰，王淑娟. 中国博物馆协会服装与设计博物馆专业委员会 2022 年研讨会论文集. 北京：中国纺织出版社，2023：145-154.

图 4-20 清 青缎地平金银潮绣"龙凤呈祥"褂（清华大学艺术博物馆藏）

图 4-21 清 红缎地戗针折枝月季阑干红喜裙（清华大学艺术博物馆藏）

白缎五彩精绣清供图镶滚边马面裙裙门（林栖收藏）

第五章 马面裙实物

白纱地打籽绣金蟾纹阑干马面裙

　　白纱地打籽绣金蟾纹阑干马面裙。一片式白色棉布裙腰，前后裙门以戗针绣、盘金绣、打籽绣绣出牡丹花、兰花、火轮、盘长、伞、犀角等吉祥纹样，中心的纹样由葫芦、花卉、二足蟾、铜币纹样为主，蟾蜍有招财的寓意，葫芦有多子的寓意，取"财源广进，多子多福"的美好寓意。裙两胁以玄青色素缎制成10阑干条。在裙身三分之一下摆处饰有蝶恋花纹，阑干中间部分较为宽阔，于四角及中心位置散点式排布有海棠、蝴蝶、兰花、牡丹花纹样，其余四阑以上、中、下散点纵向排布蝴蝶、花卉纹，与多数阑干裙装饰类似，其内裙门下摆处饰有一幽兰。裙缘边装饰以机织玄青色波浪纹花边作第一层装饰，第二层饰主体缘边，以多彩的蝴蝶、花卉作为主要装饰。整体裙装端庄典雅，在暗花绢及马面和下摆的共同装饰作用下，呈现出灵动秀美之姿。（清华大学艺术博物馆藏）

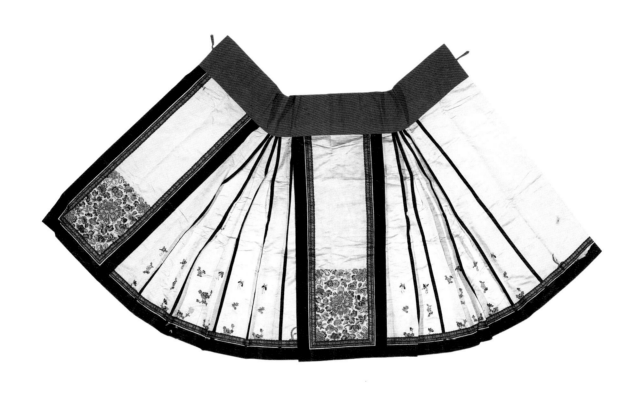

白缎地绣四时花卉纹阑干马面裙

　　白缎地绣四时花卉纹阑干马面裙，一片式蓝色棉布裙腰，两侧有纽襻，系带穿着。裙身以白色缎为地，采用戗针、平针、打籽等绣法绣有牡丹、兰花、荷花、菊花、梅花等花卉，牡丹纹样在造型上与佛手的形态相融合。马面的左上方绣有芭蕉扇与渔鼓，右下方露出花篮一角，为"暗八仙"装饰。缘边处先以机织花边作第一层装饰，又以玄青色素缎宽边做主体缘边装饰，最外缘以同色素缎做包边处理，裙下摆处装饰与外裙门缘边处同。裙两胁以玄青色素缎制成阑干条，左右各5条，中间部分较为宽阔，饰有蝶恋花纹样，内裙门下摆饰有一花卉纹，花卉纹样被机织花边所遮挡，通过与其他类似阑干马面裙的对比，可知此裙下摆做了缩短处理，导致内裙门的花卉被遮盖，显露不全，当为改制之裙。（周锦收藏）

白缎地绣双狮滚绣球纹阑干马面裙

　　白缎地绣双狮滚绣球纹阑干马面裙，一片式乳黄色亚麻裙腰，两侧有纽襻，系带穿着。裙身以白色缎为地，采用戗针、平针、打籽等绣法绣"双狮滚绣球"纹样，取"狮子滚绣球好事不到头"之意，狮子部分的绣制采取孔雀羽线，极具特色。裙两胁以玄青色素缎裁制成阑干条，左右各5条，中间区域较为宽阔，绣有蝴蝶花卉纹样，共5处，布置于画面上下左右和当中，其余每阑间绣三处，呈纵向排列。前后裙门的外缘先以机织黄色绦子边为饰，然后再以玄青色素缎宽边作装饰，形成裙子的主体框架，最外缘以玄青色素缎窄边作包边处理。（陈菲收藏）

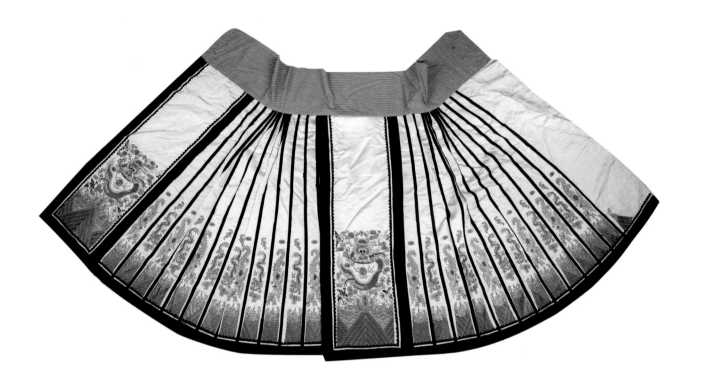

白缎地盘金绣龙凤呈祥纹阑干马面裙

　　白缎地盘金绣龙凤呈祥纹阑干马面裙，一片式蓝色棉布裙腰，两侧蓝色纽襻，以乳黄色缎为地，前后裙门处以平金银及彩绣绣有海水江崖云龙纹，龙纹的四角还环绕着仙鹤、凤鸟、锦鸡和孔雀纹样，海水江崖的立水部分呈三角形造型，平水部分以波浪纹样表示，裙两胁以玄青色素缎窄边各制成12条阑干，共24条为玉裙样式，每阑间以平金银绣制有龙凤及海水江崖纹，十分精致。裙门及下摆处以玄青色波浪作为第一层装饰，间隔1厘米左右的位置又以玄青色素缎宽边作为第二层装饰，最外缘以同色素缎做包边处理，故而缘边部分的装饰显得层次丰富。（清华大学艺术博物馆藏）

象牙白色缎绣仕女花卉纹阑干马面裙

象牙白色缎绣仕女花卉纹阑干马面裙，一片式红色棉布裙腰，以白色素缎为地，采用平绣、网绣等绣法绣人物地景纹样，所塑造的庭院小景恬静怡人，繁花盛开，三位仕女赏花弈棋，神态各异，充满趣味。裙两胁以玄青色素缎窄边制成阑干条，左右各五条，中间区域较为宽阔，其余间距相同，彩绣有蝶恋花纹样，马面及下摆处先以机织花边为饰，主体缘边以青色佛八宝纹样为饰，最外缘以玄青色素缎包边，整体形制规范，马面部分的装饰清新雅致。（北京服装学院民族服饰博物馆藏）

象牙白色缎绣人物地景纹凤尾马面裙

　　象牙白色缎绣人物地景纹凤尾马面裙，一片式白色棉布裙腰。以象牙白色缎为地，前后裙门马面处以盘金彩绣开窗人物地景纹，缘边以连续茉莉花苞为饰，外缘以两层镶边作为主要装饰，第一层为机织万寿纹镶边，第二层为玄青缎地彩绣祥云团鹤纹样为饰，下摆左右角隅处以挖云制如意云头样式，增添了裙门下摆的装饰层次。裙门最外缘以蓝色素缎作包边，两层镶边于裙膝处制成如意云头状，丰富马面处的造型。裙两胁自然起波浪形折，左右镶饰9条阑干条，阑干条样式丰富多样，先以蓝色素缎制成阑干条至裙膝两侧高度时，以绦子边、蓝色、黄色、紫色素缎制成短阑干条，尾端为剑形，各饰有吉祥结彩色丝穗，形成与凤尾裙形制的结合。（明尼阿波利斯艺术博物馆藏）

象牙白色暗花绸绣人物地景纹鱼鳞马面半裙

　　象牙白暗花绸绣人物地景纹鱼鳞马面半裙，两片式白色棉布裙腰，以象牙白色暗花缎为地，外裙门处以平金绣童子嬉戏图，塑造了五位童子在庭院间游玩的场景，一童子身着红衣，头戴金冠，手举三颗金色果子，寓意科举"连中三元"。庭院中繁花盛开，间置寿桃、红蝠，合在一起取"福禄寿"之意。裙两胁打细褶，褶间以同色线牵缝钉缀，形成鱼鳞状。两胁在与马面装饰高度相同处，以各式彩绣小朵花及蝙蝠、蝴蝶纹，造型丰富，色泽多样。马面以及裙下摆以机织黄色绦边为饰，后加灰色小多花纹机织绦边，最为宽阔的是蓝色缎地上盘金彩绣花果纹，显得十分华美富丽，于裙门中段制成如意云头，最外缘以黑色缎作包边处理，整体镶边层次十分丰富。（清华大学艺术博物馆藏）

象牙白色暗花绸地三蓝戗针绣蝶恋花纹鱼鳞马面裙

　　象牙白色暗花绸地三蓝戗针绣蝶恋花纹鱼鳞马面裙，两片式白色棉布裙腰。以象牙白色暗花绸为地，暗花纹样为祥云蝙蝠纹。前后裙门马面处以三蓝戗针绣有芍药、玉兰、菊花、桃花等花卉，八只蝴蝶翩然穿梭于繁花之上，且色泽缤纷，在三蓝的基础上添加黄色、绿色等色泽，使得马面的装饰在统一的风格中呈现出细微的变化，丰富了装饰层次。裙两胁打细褶，并以丝线间隔约1厘米进行牵引，形成鱼鳞状。鱼鳞上又以三蓝绣装饰花卉纹，十分华美。此裙的缘边装饰十分丰富华美，先以白色缎绣穿枝花卉纹构成第一层镶边，又以玄青色为地，采用三蓝绣法绣花卉纹作为第二层主要镶边，而第二层镶边又被两条金属缘边线划分为三个区域，均以三蓝绣花卉纹为装饰，中间部分宽阔些，饰有梅花及水仙，花卉形态丰富，刺绣针法细腻，共同构成典雅华美的镶边装饰，裙下摆缘边部分装饰与裙门处同。此裙整体造型经典，配色和谐典雅，技法细腻精湛，装饰丰富华美，为鱼鳞裙的经典之作。（明尼阿波利斯艺术博物馆藏）

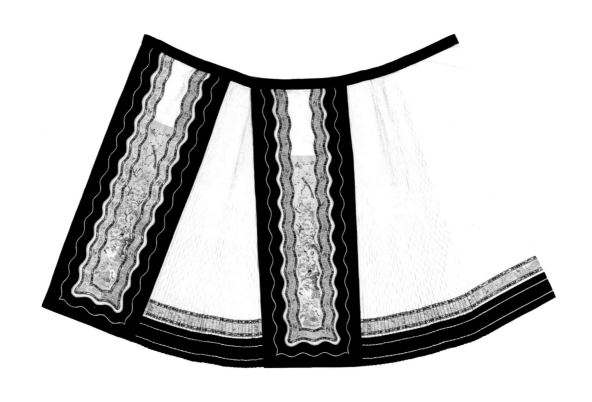

象牙白色暗花缎地绣山石花鸟纹鱼鳞马面裙

象牙白色暗花缎地绣山石花鸟纹鱼鳞马面裙，裙头有改制，较为短窄。裙身以象牙白色暗花缎为地，暗花纹样为岁寒三友纹，外裙门马面处以粉色缎绣山石鸟兽纹，可以看出是在另外的底料上绣制而成后缝缀此处的。外裙门缘边先以黄色机织花边制成波浪纹镶边，又以月白色细镶绳制成波浪边连接玄青色缎大宽边，其中间位置加饰有月白色细镶绳边饰，在黑色地上显得尤为突出。裙两胁打细褶，制成鱼鳞状，下摆缘边装饰与外裙门缘边装饰有差异，为直边黄色织花带，其细镶边也是以直线的形式表达，形成不同线条的对比，增添了装饰语言。整体裙装于素雅中显露俏丽，风格简洁灵动。（周锦收藏）

雪白色芝麻纱地绣花鸟纹百褶马面裙

雪白色芝麻纱地绣花鸟纹百褶马面裙，两片式白色亚麻布裙腰。此裙以雪白色暗花纱为地，提花纹样为墩兰、瓜蝶、芍药葡萄纹，前后裙门于三分之二处加饰雪白色绸地，以彩色丝线绣牡丹、鹊鸟、双蝶、桃花，牡丹造型硕大，桃花细密小巧，形成视觉上的对比，飞鹊穿插繁花之中，为画面平添了生机，两只蝴蝶翩然在角隅处，小朵花悄然绽放，有静谧之感。裙两侧打百褶，褶痕细密，绣有青竹与蝴蝶，雅致悠然。前后裙门外缘以淡粉色波浪纹作宽、窄边装饰，十分素雅。外裙门角隅处以粉色、紫色丝线绣有一枝幽兰，绣法与前裙门有所差异。整体裙装配色清雅，造型丰富多变，从色彩及装饰方式看来当是清末民初的裙装。（陈菲收藏）

银色缎彩绣"贺岁"纹阑干马面裙

　　银色缎彩绣"贺岁"纹阑干马面裙，一片式淡紫色裙腰，以银色缎为地，彩绣
仙鹤、海水江崖、九只麦穗，寓意长久丰收，也指"贺岁"，海水江崖中还布置有
牡丹花一朵，充满特色。裙两胁部分以褶裥、缝缀形式将左右两侧划分为五个区
域，中间区域较为宽阔，饰有四朵牡丹花卉纹，花卉色彩、造型，大小各异，其余
四褶间分别绣制三朵花卉纹，花卉色彩丰富，与白色缎地形成鲜明对比，裙门及下
摆处加饰"蕾丝花边"装饰，使得整体裙装呈现出秀丽华美之姿，为清末民国马面
裙样式。（北京艺术博物馆藏）

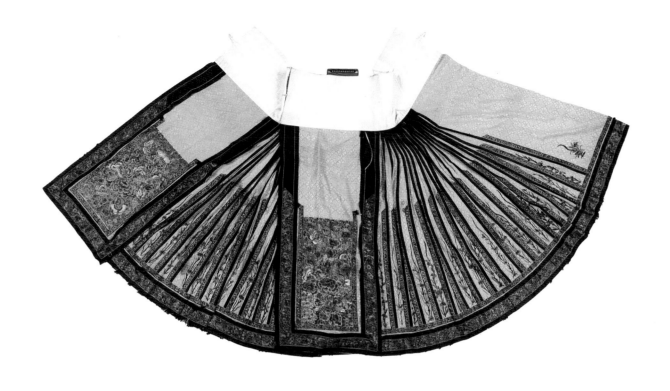

雪灰色暗花绸蝶恋花纹阑干马面裙

　　雪灰色暗花绸蝶恋花纹阑干马面裙，两片式白色棉布裙腰，两侧有纽襻，系带
穿着。以雪青色暗花绸为地，前后裙门处饰有"蝶恋花"纹样马面。裙两侧以玄青
色素缎制成阑干边，左右各 12 条，共 24 条，为"玉裙"样式。阑干条三分之二加
饰有玄青色缎地深三蓝绣花卉纹小阑干条，上端呈斜角状，纹饰风格与马面处同，
每阑间以深三蓝绣穿枝花卉纹为饰。马面左、下、右三边均饰有相同风格的花边，
花边外饰有玄青素缎窄边，窄边外饰有玄青缎地深三蓝绣花卉纹宽边，最外缘饰有
玄青缎地包边，可见镶边装饰之丰富。（清华大学艺术博物馆藏）

藕褐色暗花纱蝶恋花纹阑干马面裙

　　藕褐色暗花纱蝶恋花纹阑干马面裙，一片式白色棉布裙腰，两侧有纽襻，系带穿着。前后裙门以三蓝戗针绣满绣有蝶恋花卉纹马面，马面左、下、右三边以青色缎为地，以深蓝、中蓝绣梅花蝴蝶纹样，花边较窄，花纹细腻小巧，充满装饰性。裙两侧以玄青色缎为地制成12条阑干条，共24条，为玉裙样式，裙约二分之一处以青色缎为地，采用深、中两种蓝色绣梅花、蝴蝶纹样制成短阑干条，丰富了阑干的造型，其纹样内容与马面处花边同，每阑间还绣有穿枝花卉纹。整体裙装装饰层次丰富，于和谐中凸显主体纹饰，形成端庄典雅的风格。此裙装饰风格与清华大学艺术博物馆藏 "雪青色暗花绸绣蝶恋花纹阑干马面裙"类似。（王金华收藏）

藕褐色暗花罗绣蝶恋花卉纹鱼鳞马面裙

　　藕褐色暗花罗绣蝶恋花卉纹鱼鳞马面裙，一片式白色亚麻布腰头，以紫色提花
罗为地，提花纹样为祥云杂宝纹，前后裙门均以彩色丝线，运用戗针等绣法绣出
"蝶恋花"纹，花卉有牡丹、菊花、海棠花等，牡丹花朵造型饱满，晕色自然，蝴
蝶翩然起舞花间，姿态各异，色泽缤纷。内裙门角隅处绣有一枝花卉，充满点缀意
味。裙两侧打有细褶，并以同色线间隔约 1 厘米进行牵引缝缀，形成鱼鳞状；鱼
鳞之上采用红、绿等丝线绣有细密绵长的花卉纹样，位于裙身约三分之一处，下摆
与裙门的缘边装饰同，均以深三蓝绣有蝶恋花缘边，并以玄青色素缎做包边处理。
（林栖收藏）

藕褐色暗花罗绣蝶恋花卉纹鱼鳞马面裙局部（林栖收藏）

浅藕荷色暗花绸地绣池塘小景纹鱼鳞马面裙

　　浅藕荷色暗花绸地绣池塘小景纹鱼鳞马面裙，两片式白色棉布裙腰，两侧有纽襻，系带穿着。以浅藕荷色暗花缎为地，暗花纹样为折枝花果纹。前后裙门马面处以平针、套针等针法绣池塘小景纹，有盛开的牡丹，展翅飞翔的鸟雀，娇美的荷花，惬意浮游的鸳鸯，茂盛的植物。缘边的装饰分为两层，第一层为机织盘长、蝶恋花纹花边，第二层为白色缎地彩绣鸟兽花卉纹宽边，塑造盛开的玉兰、穿梭其中的鸟雀，立于山石之上的孔雀，盛放的牡丹，飞翔的蝴蝶，迎风飘动的荷花，一动一静的鸳鸯，形象多样，细节生动。裙两侧打褶，褶痕细密，其上以彩色丝线绣有荷花纹样，荷花造型娇美，枝叶舒展，呈现自由流畅之意。裙下摆处的装饰与裙门缘边处同，形成装饰上的呼应，总体展现出娇美灵动的装饰韵味。（印第安纳波利斯艺术博物馆藏）

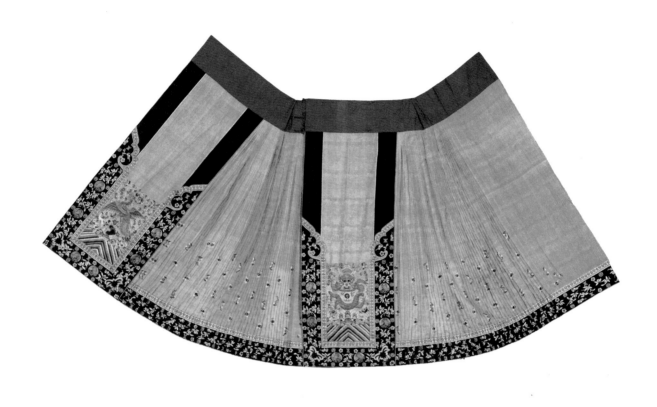

雪青暗花绸地绣海水江崖正龙纹鱼鳞马面裙

雪青暗花绸地绣海水江崖正龙纹鱼鳞马面裙，两片式玫红色棉布裙腰。以雪青暗花绸为地，暗花纹样为蝙蝠花卉纹。前后裙门以彩色丝线绣海水江崖正龙纹，四周布置了飞禽纹样，有锦鸡、仙鹤、孔雀等，裙门缘边以机织花边和蓝紫色素缎地彩绣团鹤花卉纹为饰，其间布置了花卉、万寿纹，缘边下摆左右角以挖云制变形蝙蝠纹，增添了细节的处理。裙两侧打褶，褶痕细密，并在裙上彩绣小蝙蝠纹，呈散点排列。裙下摆处镶边与裙门处同，最外缘以粉色细镶绲收边。（明尼阿波利斯艺术博物馆藏）

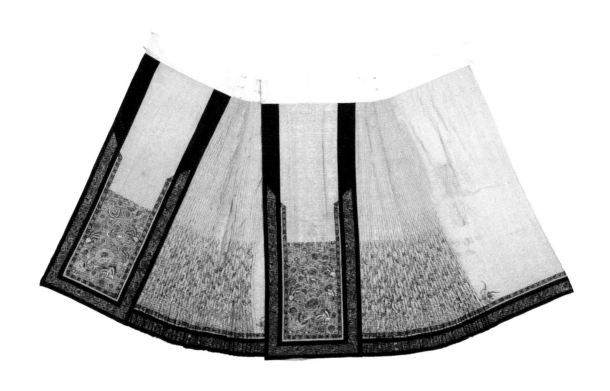

朱颜酡色提花纱花蝶纹鱼鳞褶马面裙

朱颜酡色提花纱花蝶纹鱼鳞褶马面裙，两片式白色棉布裙腰。以淡粉色绞经纱为地，暗花纹样为皮球花卉纹，前裙门与后裙门处以戗针绣满绣蝶恋花纹样，色彩以三绿、三红为主，蝴蝶色彩的搭配丰富多样，小朵花的配置也零星点缀，有百花密不露地之感，极其丰富华美，裙两胁先打百褶，并以丝线隔1厘米左右做牵缝，展开形成似鱼鳞状的形态，故名"鱼鳞裙"，并在裙下摆与马面高度相同的位置，以色线绣制穿枝花卉纹样，形成纵向装饰，繁复华丽。缘边的装饰主要由青地满绣三蓝花蝶纹构成，这里的三蓝主要由是蓝色到深蓝色的渐变，浅色及白色应用较少，故而显得深重，主体的缘边装饰也是同样的做法，不过要更为宽大一些，整体的缘边装饰风格较为统一。（北京服装学院民族服饰博物馆藏）

朱颜酡暗花绸地绣蝶恋花卉纹鱼鳞马面裙

　　朱颜酡暗花绸地绣蝶恋花卉纹鱼鳞马面裙，两片式白色棉布腰头，以杏红色暗花绸为地，前后裙门以彩色丝线绣有蝶恋花纹，花卉造型各异，以牡丹花为主，点缀有海棠花，彩蝶翩飞繁花间，形成热闹繁盛之景。裙两胁打细褶，并绣有窄枝花卉纹，前后裙门缘边以三蓝绣绣有化蝶纹，以窄边和宽边为饰，装饰纹样相同，最外缘以玄青色素缎包边，整体裙装装饰繁多，绣工细密，配色和谐。（林栖收藏）

朱颜配暗花绸地绣蝶恋花卉纹鱼鳞马面裙局部（林栖收藏）

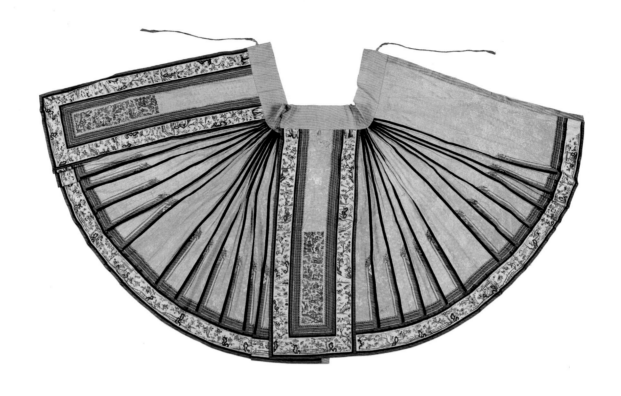

朱颜酡色暗花绸绣人物地景纹阑干马面裙

朱颜酡色暗花绸绣人物地景纹阑干马面裙，两片式乳黄色棉布裙腰，两侧有纽襻并有黄色布带，以橘红暗花绸地，暗化纹样分两层，一层为小菱形构成的棋盘状地纹，一层为暗八仙纹样。前后裙门马面部分以盘金打籽绣绣庭院人物纹，装饰元素丰富，有庭院、人物、树木、繁花、阑干、寿桃、山石、蝴蝶等，纹样缘边以盘金绣勾勒，人物姿态多样，充满意趣。裙两侧以玄青色素缎制成阑干条。阑干条的三分之一处又采用绿缎及机织小绦子边制成短阑干条，末端形成蝙蝠状，并绣有铜钱纹样，构成"福在眼前"，十分细腻的是每阑间的短阑干条构成的如意状装饰色彩各不同，可以看出做工之精。裙子的缘边装饰也尤为精彩，先以两层机织花边为饰，然后以蓝色素缎包边并饰金线，又以玄青色素缎包边并饰极窄橙色小绦子边，最主要的装饰便是白色缎彩绣庭院花卉纹镶边，其外缘又饰有极窄橙色小绦子边，玄青色素缎包边并饰金线，最外层以蓝色素缎包边，整体缘边装饰复杂精致，主次有别，层次多样。（清华大学艺术博物馆藏）

浅粉色暗花缎三蓝绣蝶恋花纹阑干马面裙

　　浅粉色暗花缎三蓝绣蝶恋花纹阑干马面裙，以杏红色暗花缎为地，暗花纹样为幽兰、皮球花卉纹。前后裙门主要以三蓝绣法绣蝶恋花纹，裙两胁以玄青色素缎制成长阑干条，并加饰三蓝绣短阑干条，左右各12条，共24条，为玉裙形式。每阑间以三蓝绣绣有穿枝花卉纹，内裙门角隅处饰有一朵幽兰，马面部分蝴蝶纹样以彩绣绣制而成，因为大面积的三蓝绣底纹使得蝴蝶的色彩尤为显眼，两者对比更加突出了马面部分的美感。裙腰处有改制，裙门边缘及下摆处主要以玄青色宽边及蓝色细镶绲构成，与裙门和阑干处的装饰形成繁简对比。（林栖收藏）

浅粉色缎三蓝绣蝶恋花纹阑干马面裙

　　浅粉色缎三蓝绣蝶恋花纹阑干马面裙，一片式白色棉布裙腰，通身以浅粉色缎为地，前后外裙门以三蓝绣有蝶恋花纹，牡丹花头饱满，姿态丰腴，蝴蝶翩舞花间，取花开富贵之意。裙两胁采用玄青色素缎制成阑干条，将裙子的左右各划分为五个区域，中间部分较为宽阔。形成裙装的主体框架，裙子的内裙门无装饰，较为素净。前后裙门及下摆处先以机织小花边作第一层装饰，第二层为裙子的主体缘边装饰，以机织蓝白花卉宽边绕裙门下摆装饰，与前后裙门马面处的配色有相同之处，可相互呼应。最外缘则以玄青色素缎花边做包边处理，整体裙装骨架为典型的阑干裙式，阑干条内无其余装饰，呈现出大气简洁之风。（林栖收藏）

桃红色提花绸粤绣鸟兽花卉纹马面裙

　　桃红色提花绸粤绣鸟兽花卉纹马面裙，两片式白色棉布裙腰，裙腰间有三纽襻及纽扣，裙两侧两纽襻，裙腰处印有红色喜字，为结婚时新娘所着的喜裙。前裙门与后裙门处以彩绣绣花卉孔雀纹，缘边部分的装饰极为华美，先以机织花边依照马面及缘边造型环绕一圈。最主要的缘边装饰为鹦鹉绿色的贴面，边上加饰黑色杂黄花，以及粉色花纹的绦带制成的盘长结，缘边于马面中段做成四半如意云头，上方左右两边各饰4盘长纹样，下方左中右共饰有5盘长纹样，前裙门共饰13盘长，后裙门同，通身共26条盘长装饰，十分精致。裙两胁部分打百褶，并彩绣皮球花纹样，取"连中三元"的吉祥寓意。此裙主要采用了盘金绣以及平针绣的方式。（北京服装学院民族服饰博物馆藏）

大红缎地龙凤纹阑干马面裙

大红缎地龙凤纹阑干马面裙，一片式白色棉布裙腰，侧边两纽襻；采用织锦的形式织蟒凤纹样，前裙门与后裙门纹饰相同，均以海水江崖与正蟒纹为饰，蟒四爪，四周饰有祥云与飞蝠纹样，鸾凤造型小巧，位于正蟒纹的上方，尾羽四散，饰有缘边。裙子两侧各以五条玄青色素缎镶边，将裙两侧各划分为五个区域，中间区域呈陡坡式梯形，装饰飞龙吐珠，凤穿牡丹纹样。（清华大学艺术博物馆藏）

大红缎地龙凤纹阑干马面裙局部（清华大学艺术博物馆藏）

大红色缎彩绣博古纹阑干马面裙

　　大红色缎彩绣博古纹阑干马面裙，一片式白色亚麻布裙腰，裙身以红色缎为地，前后马面绣"博古纹"，采用盘金、打籽、平针等绣法绣牡丹瓶花、铜鼎、幽兰、佛手等纹样，有"花开富贵""吉庆有余""博古通今"的美好寓意。外裙门镶边先以机织花边为饰，再以玄青色素缎镶边并以同色缎窄边作包边处理，裙两胁以玄青色素缎各制成五条阑干条，将裙两侧各划分为五个区域，中间较为宽阔，饰有五个花卉纹，中间的芍药较为突出，其余每阑间饰有三朵呈纵向排列的花卉。裙两胁的阑干三条做了缝缀处理，就形成上紧而下阔的造型。（周锦收藏）

橘红色缎绣人物地景纹阑干马面裙

橘红色缎绣人物地景纹阑干马面裙，一片式白色麻布裙腰，两侧有纽襻，系带穿着。裙身以红色缎为地，前后裙门以彩绣绣"人物地景"纹，人物塑造生动，庭院之中繁花盛开，远处流云飘动，生机盎然。裙门装饰先以机织花边为饰，再以白色缎绣花卉纹作主体镶边装饰，最外缘以蓝色素缎作包边处理，裙下摆处缘边装饰与外裙门缘边装饰相同。裙两胁以玄青色素缎制成阑干条，中间区域较为宽阔，以彩色丝线绣蝶恋花纹，其余每阑间以彩色丝线绣蝴蝶、花卉纹样，形态各有不同，呈纵向排列，平添娇小俏丽之感，内裙门下端装饰一枝幽兰。整体裙装形制规范，人物形象塑造多样，缘边装饰丰富规整，呈现出艳丽俏美之姿。（周锦收藏）

朱红暗花纱地绣人物地景纹鱼鳞裙

　　朱红暗花纱地绣人物地景纹鱼鳞裙，两片式白色亚麻布裙腰，两侧有纽襻，以红色暗花芝麻纱为地，暗花纹样为祥云暗八仙纹，前后裙门马面处以打籽绣绣远山、祥云、蝴蝶、庭院、人物、牡丹、舟船、仕女、童子、阑干、山石等纹样，塑造出庭院人物小景，人物形象丰富多样，打籽细密，均以盘金线勾勒缘边，裙两侧打褶，褶痕细密，并按规律进行点式钉缀，张开如同鱼鳞般，故名"鱼鳞裙"。裙子前后裙门及下摆处有镶边装饰，层次丰富，先以双层机织花边镶饰，然后用蓝色素缎宽边为饰，在二分之一处用白色素缎为地，采用盘金打籽绣蝶恋花卉纹镶边形成主体缘边装饰，其间加饰极窄橙色小绦边，最外缘以蓝色素缎作包边处理，并于马面中段制成如意云头状，整体裙装形制规范，配色简约，装饰丰富，针法细腻，靓丽华美。（清华大学艺术博物馆藏）

洋红色缎绣海水江崖飞凤牡丹纹马面裙

洋红色缎绣海水江崖飞凤牡丹纹马面裙，两片式白色棉布裙腰，以红色缎为
地，采用盘金、平金等绣法绣海水江崖飞凤纹，可以看出是在别的红色缎绣地上绣
制而成后拼贴缝缀此处进行装饰的。此裙形制较特殊，有改制，裙两侧有褶，褶痕
细密，但其上以红色缎梯形绣地，以平金绣绣制海水江崖飞凤纹样，与前后裙门处
装饰类似。缘边以蓝紫色缎为地，采用平金绣绣有凤穿牡丹纹样花边，与主体的装
饰相呼应，最外缘以月白色素缎作包边处理。（明尼阿波利斯艺术博物馆藏）

洋红色提花绸饰万字盘长纹鱼鳞马面裙

　　洋红色提花绸饰万字盘长纹鱼鳞马面裙，一片式白色棉布裙腰，侧边两组襻。猩红色竹枝葡萄纹提花绸为地，马面及底摆衬鹦鹉绿素绸，裙胁百褶处无里。前后马面部分以盘带技法钉绣盆花蝴蝶纹。裙门外缘由内至外，先以玄青色素缎窄边装饰于裙门下缘两角处制成盘长纹，再用戈绿松石色和粉色及玄青色制成波浪状缠小花纹。最外缘的装饰以玄青色缎为地，采用淡绿色盘带制成万寿装饰框架，其内布置有紫色盘带盘长纹样，对比鲜明。盘带装饰根据纹样的不同盘绕和叠压，于和谐的装饰风格中呈现出细微的不同，十分耐看。盘带绣是汉族传统装饰手法之一，首先采用上浆面料裁切45度斜条，然后将斜条的两侧回折扣烫成窄条盘带，用盘带做线，灵活地盘制成想要的纹样，后用钉针暗缝固定。（北京艺术博物馆藏）

洋红色暗花缎绣人物地景纹鱼鳞马面裙

　　洋红色暗花缎绣人物地景纹鱼鳞马面裙，一片式蓝色棉布裙腰，以红色暗花缎为地，暗花纹样为祥云暗八仙纹，前后裙门马面处以金线为地，彩绣人物庭院纹，塑造的景色非常丰富，有柳树、人物、山石、花卉等，可以看出是在别的绣地绣制完成后缝缀此处进行装饰的，裙两胁打细褶并用丝线间隔约1厘米进行牵引缝缀，形成鱼鳞状，前后裙门及下摆处以机织花边和玄青色素缎宽边为饰，最外缘以蓝色素缎制成细镶绲，展示出细节之美。（林栖收藏）

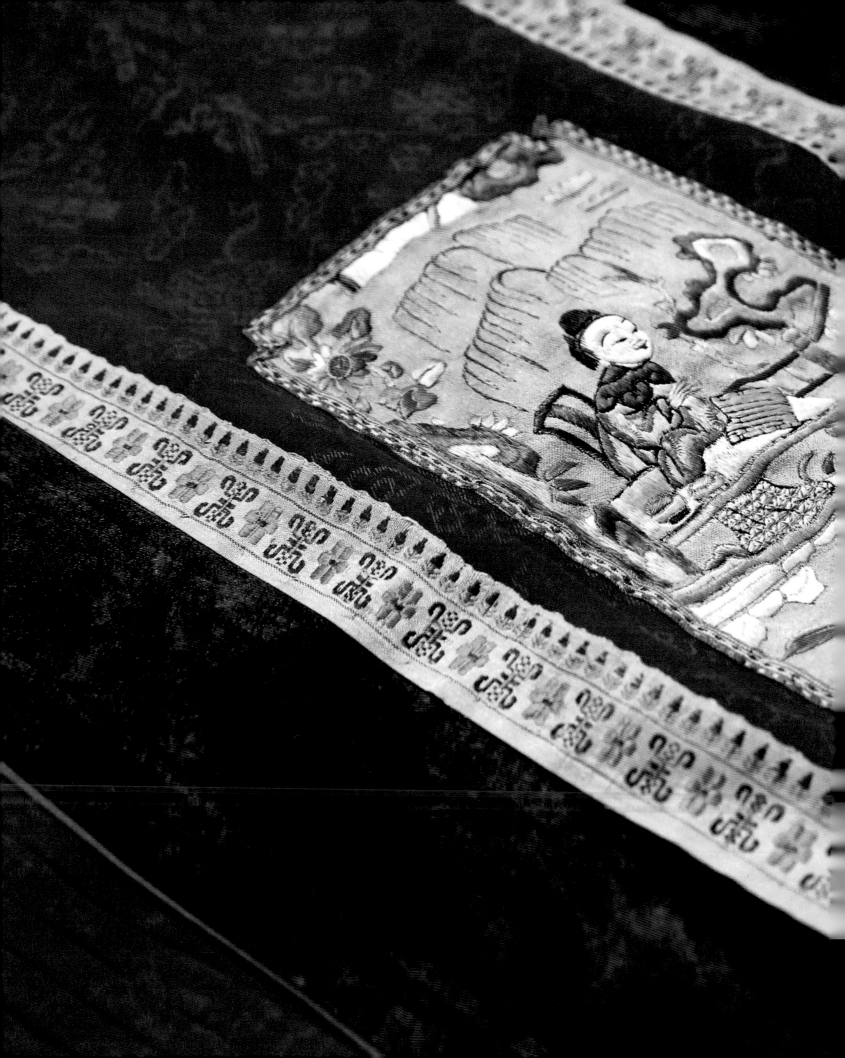

银红色缎三蓝绣蝶恋花卉纹阑干马面裙

　　银红色缎三蓝绣蝶恋花卉纹阑干马面裙，一片式白色棉布裙腰，以红色缎为地，前后裙门采用三蓝绣法绣蝶恋花纹，蝴蝶布置在马面的左上及右下部分，牡丹花置于中心位置，花卉硕大饱满，四周繁花围绕，蝴蝶造型与蝙蝠相结合，取福气与美好的事物翩然而至之意。裙两胁以玄青色素缎制成阑干条，每阑间以三蓝绣绣制蝴蝶花卉纹样，后裙门角隅处饰有一朵兰花，裙门及下摆缘边以机织花边作为主要装饰，最外边以玄青色素缎包边。（林栖收藏）

石榴红色暗花缎平金银绣海水江崖凤穿牡丹纹马面裙

　　石榴红色暗花缎平金银绣海水江崖凤穿牡丹纹马面裙，一片式粉红色棉布裙腰，两侧有纽襻，系带穿着。前后裙门以平金银绣海水江崖凤穿牡丹纹，海水江崖采取侧三角形式表现，平水纹中央以留水路的方式勾勒山牡丹花轮廓，颇为有趣。凤鸟单足伫立于海水江崖之上，回首张翅，造型丰富，牡丹花雍容华贵。此裙颇为有趣的是其裙两侧的处理，裙子二分之一处打细褶，下端贴缀与地色暗花纹样相同的梯形缎料，其上采用平金银绣绣制海水江崖牡丹花卉纹，并在其间点缀金属亮片。前后裙门的外镶边与裙下摆处均以白色裙绣黑色穿枝花卉纹作花边，花卉间均匀点缀金属亮片，整体裙装的造型及装饰风格以及金属亮片的装饰手法表现出此裙年代稍晚，应为清末民初产物。（王金华收藏）

石榴红色缎绣海水江崖贺岁纹马面裙

　　石榴红色缎绣海水江崖贺岁纹马面裙，一片式粉色棉布裙腰，两侧有纽襻，系带穿着。通身以红色缎为地，采用各色丝线绣有海水江崖、仙鹤、牡丹花、嘉禾。麦穗饱满微垂弯曲，呈丰收之态，称"嘉禾"；仙鹤展翅昂首，有向上之姿寓意长寿，取"贺岁""富贵长寿"之意；牡丹花雍容华美，花蕊用打籽绣点缀，突出颗粒感，裙两侧散点分布有小花卉纹样，姿态多样，精巧缤纷，底端饰有海水江崖纹。裙门及下摆处采用蓝地白花形成缘边装饰，白花造型抽象，呈曲线流动感，似为后配。整体为简化版的马面裙样式，外裙门部分的装饰占比较大，整体纹样满布裙子的三分之二，可见其上身的搭配应已较为贴身合体。（上海纺织博物馆藏）

殷红色缎绣海水鹤穗纹阑干裙

　　殷红色缎绣海水鹤穗纹阑干裙，一片式白色棉布腰头，以焦红色素缎为地，前后裙门部分以彩绣绣制仙鹤、麦穗、海水江崖纹样。《淮南子》中载有"鹤寿千岁，以极其游"，仙鹤历来是长寿和引人升仙的仙鸟，其体态优雅，品行高洁，历来有"鸟中一品"的称号，明清时期文官补子一品的纹样即为仙鹤。牡丹花有富贵的寓意，而麦穗饱满成熟，象征着丰收，整体取"贺岁富贵"之意。从装饰面积来看，裙门部分的装饰占据了整体外裙门的四分之三，说明所搭配的上衣的形制较为窄小，当为倒大袖或对襟龙凤褂样式，缘边装饰机织蓝地花卉纹宽边，色泽因采用化学染料而显得较为艳丽，推测为民国产物。裙两胁分别以7条蓝色缎条阑干将裙两侧划分为14个区域，中间区域较为宽阔，绣有花卉纹装饰，且每阑间的花卉交错排列，形成丰富华美的视觉效果。（北京服装学院民族服饰博物馆藏）

玫瑰红色暗花缎绣鸟兽花卉纹百褶马面裙

　　玫瑰红色暗花缎绣鸟兽花卉纹百褶马面裙，　片式乳黄色亚麻布裙腰，两侧有纽襻，
系带穿着。裙身以红色缎为地，前后裙门处马面部分呈窄长条状，自上而下绣有海棠花、
鹊鸟、牡丹花、锦鸡、牡丹等纹样，最下面以平金银绣法绣海水江崖纹样，海水江崖上以
彩色丝线绣鸳鸯纹。纹样外以缠枝藤蔓作左右的边框装饰，裙门外的镶边先以机织花卉纹
宽边为饰，最有特色的是宽镶边的处理，层次十分多样，自内而外先以蓝色素缎窄边作绲
边处理，第二层为月白色素缎窄边，第三层为玄青色素缎堆绫绣梅花纹宽边，也是主体的
镶边装饰。第二层与第三层镶边的连接处以粉色和乳白色线镶滚作缘边处理，整体的镶边
层次显得尤为多样。裙两侧打褶，褶中间以彩色丝线绣团牡丹纹样，左右各五团，外裙门
角隅处一束海棠花纹，十分别致。这件裙装的两胁下摆处装饰也十分别致，以月白色缎作
大宽边装饰，并以盘带绣和堆绫绣结合的方式绣制柿蒂窠卍字纹样，寓"万事如意"。裙
装配色艳丽，手法多样，镶边及下摆装饰极具特色。（陈菲收藏）

玫瑰红色暗花缎绣鸟兽花卉纹百褶马面裙局部（陈□收□）

桔红地缂丝海水江崖正龙纹阑干马面裙

　　桔红地缂丝海水江崖正龙纹阑干马面裙，一片式蓝色棉布裙腰，两侧有纽襻，系带穿着，以红色为地，缂织海水江崖正龙纹。裙两胁以玄青色素缎制阑干条，左右各5条，共10条。中间部分较为宽阔，饰有海水江崖升龙吐珠纹样，其余每阑间饰有飞凤花卉纹，形态有细微差异，海水江崖的塑造也各不相同。从裙子形制来看，较为特殊：第一，此裙的后裙门位于右侧，其本所有的阑干裙的后裙门都位于左侧；第二，此裙包边的缘边采用蓝色素缎，且做工和整体裙装有差异，原或为玄青色素缎地作包边处理。（明尼阿波利斯艺术博物馆藏）

玫瑰红色缎盘金绣凤穿牡丹纹鱼鳞马面裙

玫瑰红色缎盘金绣凤穿牡丹纹鱼鳞马面裙，两片式白色棉布裙腰，裙身以红色缎为地，前后裙门采用盘金、平金绣法绣凤穿牡丹纹样，只见一只凤鸟伫立于山石之上，另一只凤鸟翱翔天际回首与之和鸣，四周牡丹花、玉兰花盛放。裙门镶边以机织淡绿色花卉纹边为第一层装饰，第二层以淡绿色窄绦子边作镶边处理，又以黑色素缎宽边作为边饰的主体装饰，并于马面中缎做如意云头轮廓装饰，较为有趣的是此处的如意云头采取的是上为弧线，下为如意云头的样式，和多色暗花绸绣孔雀开屏纹月华鱼鳞马面裙的双如意云头轮廓的制作有所差异。外裙门双角隅处的花卉以铺绣方式绣制而成，外轮廓以红色丝线勾勒缘边，黑色素缎宽边的最外缘以淡绿色窄绦子边作镶边，内外呼应。裙两胁打细褶，并以同色线隔 1 至 3 厘米牵引缝缀形成鱼鳞状，在褶裙之上以盘金绣法绣制折枝花卉纹，中间饰蝴蝶纹样，在外裙门角隅处饰有两支幽兰。整体裙装结构清晰，色泽对比强烈，前后裙门角隅处的花卉柔美突出，于华美端庄之中显露出秀丽之姿。（周雪清收藏）

玫瑰红色缎绣蝶恋花卉纹鱼鳞马面裙

　　玫瑰红色缎绣蝶恋花卉纹鱼鳞马面裙，两片式蓝色棉布裙腰，两侧有纽襻，系带穿着。裙身以红色缎为地，暗花纹样为兰花，前后裙门马面为窄长造型，应绣于其他绣地后缝缀于此。边饰先以蓝色机织花边为饰，又以黑色机织盘长蝶恋花纹作为第二层镶边装饰，间饰红色细镶滚边，又接深蓝色素缎镶边接天蓝色素缎镶边，主要的镶边装饰以玄青色缎彩绣凤凰花卉与金鱼纹，其外缘饰天蓝色素缎镶边，最后以深蓝色素缎作包边处理，可见其缘边装饰的丰富。裙两胁打褶，褶痕细密，制成鱼鳞状。裙下摆缘边装饰与前后裙门边饰有所差异，先以机织大花边作首层装饰，花边层次丰富，第一层的黄色花边尤其亮眼，然后以深蓝和天蓝素色缎作镶边处理，接着以玄青色彩绣花卉纹宽边为饰，最后以天蓝和深蓝色素缎作镶边处理，呈现裙摆镶边装饰的丰富。（周锦收藏）

紫红色呢三蓝打籽绣花卉纹阑干马面裙

紫红色呢三蓝打籽绣花卉纹阑干马面裙，一片式乳黄色棉布裙腰，两侧有纽襻，系带穿着。裙身以红色呢为地，葱绿色素绸为里，前后裙门处以三蓝打籽绣、平金绣、盘金绣绣制花卉纹，花卉有牡丹、玉兰花、桂花，寓意"兰桂齐芳"。呢具有保暖及美观性，沾雨不易湿，故常用来制作秋冬装和雨装，其特有的质感给人一种低调优雅之感。缘边部分以三蓝绣花卉纹，裙两胁部分以玄青素缎制成阑干边，黑素缎镶绳边饰阑干宽 1 厘米，左右各 12 条，每栏间距 8 厘米，共 24 条，为玉裙样式，每阑间饰有缠枝花卉纹，细腻华美，并于内群门角隅处绣有一朵兰花作为装饰。整体形制规范，配色典雅。（北京服装学院民族服饰博物馆藏）

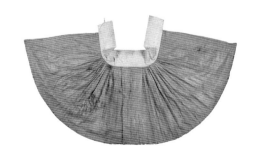

紫红地缂海水江崖正龙纹龙

片澜于和部分腰头。

内裙门部分，一般而言

纹澜于马面裙类似

后马面部分纹

装饰海水

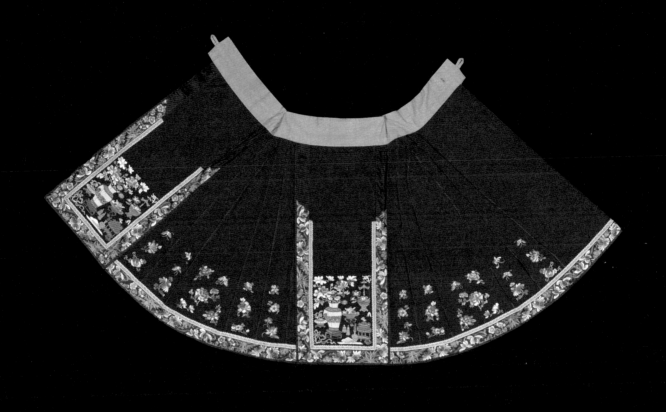

紫红色缎彩绣博古纹阑干马面裙

紫红色缎彩绣博古纹阑干马面裙，一片式淡橘色棉布裙腰，两侧有纽襻，系带穿着，以红色缎为地，前后裙门彩绣博古纹，布置青铜香炉、书卷、瓜果、凤首挂件、磬、幽兰，青花瓷花觚中插入牡丹花、菊花与玉兰花。裙两胁以玄青色素缎制成阑干条，左右各5条，共10条。中间阑干区域较为宽阔，绣有牡丹花、蝴蝶、芍药、玉兰，共同形成此区域的装饰，其余每阑各式三团折枝花卉、蝴蝶纹，形态各异。前后裙门及下摆处先以机织花边为饰，然后以玄青色素缎为地彩绣三蓝花卉纹并以金绣竹叶纹，形成典雅华美的装饰风格。（明尼阿波利斯艺术博物馆藏）

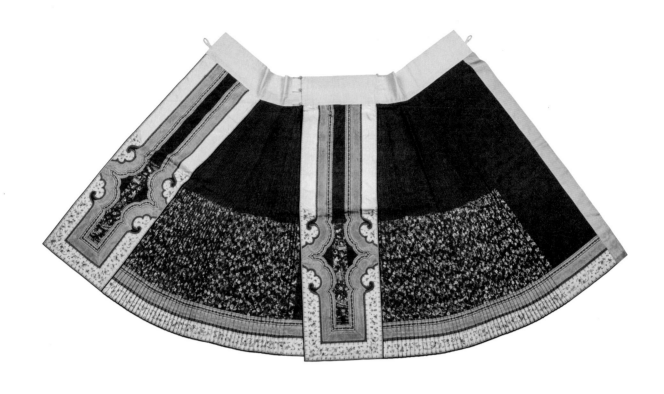

紫红色暗花绸绣人物地景梅蝶纹鱼鳞马面裙

　　紫红色暗花绸绣人物地景梅蝶纹鱼鳞马面裙，两片式白色棉布裙腰，两侧有纽襻，以红色暗花绸为地，暗花纹样有仙鹤、盘长、祥云、火珠，前后裙门以彩色丝线绣远山、桃树、庭院人物、花卉，主体人物为一童子骑麒麟，左手高举一"盔"，寓意"麒麟送子""五子夺魁""官带传流"。下方有山石、舟船，船上有两童子，中间放置一篮筐寿桃，上方蝙蝠自天上来，下方花卉盛开，蝴蝶翩翩，取"福寿双全"，马面处正好为5个人物造型，也取"五子夺魁"之意。裙两侧各捏50条细褶，共100条，是名副其实的"百褶裙"，每褶之间用同色线间隔约1厘米作牵缀，轻拉似鱼鳞状，又名"鱼鳞裙"。裙门镶边宽大，层次多样，由内至外共饰四层边饰，第一层及第二层均为机织花边，其间以线镶绳勾勒缘边，第三层为白缎地平针绣折枝花边，于裙门中段做成如意云头式样，在花边的两边分别饰有紫色极窄小绦边，窄黄色波浪形花边，最外层为玄青色素缎包边。整体裙装形制规范多样，装饰细腻华美，镶边层次丰富，是鱼鳞马面裙的经典作品。（清华大学艺术博物馆藏）

紫红色缎花纳绣人物地景蝴蝶纹鱼鳞马面裙局部（清华大学艺术博物馆藏）

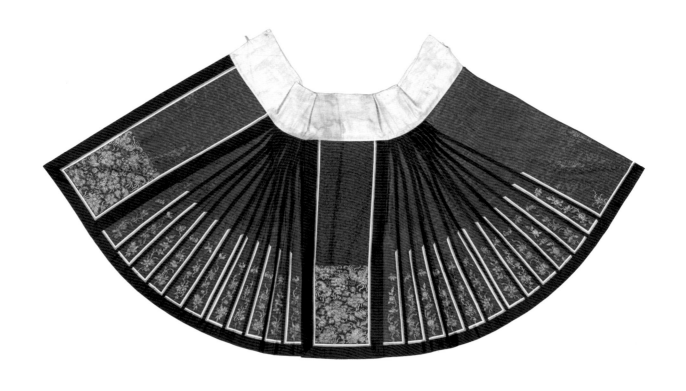

粉墨色暗花罗平金绣花果纹阑干马面裙

　　粉墨色暗花罗平金绣花果纹阑干马面裙，一片式白色棉布裙腰，以绛色暗花罗纹地，暗花纹样为缠枝柿蒂窠填四瓣小花纹，前后裙门以盘金、平金绣法绣牡丹、荷花、菊花，并布置葡萄、双蝶、石榴等，寓意长寿多子，富贵美好。裙两胁以玄青色素缎制成阑干条，左右各12条，共24条，是为玉裙样式。阑干条中段以白色和月白色素缎制成短阑干条，并于第六个阑干条处作左右装饰的短阑干条，突出裙侧中部的装饰，每阑间装饰平金绣穿枝花卉及蝠蝶纹样，寓意吉利。后裙门角隅处装饰一朵金绣兰花。裙缘边以玄青色素缎及白、月白色素缎构成，结构简约，对比强烈。（明尼阿波利斯艺术博物馆）

粉墨色暗花地平金花卉纹阑干马面裙

粉墨色暗花地平金花卉纹阑干马面裙，以粉墨色绸为地，提暗花纹样，暗花纹样为卍字纹、柿蒂纹，前后裙门以平金、盘金绣绣制牡丹花、水仙花、菊花、佛手、蝴蝶、连钱、吉磬等纹样，为多重吉祥主体装饰纹样。裙两胁以玄青色素缎制成阑干条，又以月白和白色素缎制成短阑干条，贴合玄青色素缎阑干条一起形成结构上的装饰，每阑间以平金、盘金绣绣制蝶恋花卉纹，裙门及下摆处的缘边装饰相同。整体裙装简洁大方，形制规范，突出了马面及阑干部分金绣的装饰之美。（波士顿美术博物馆）

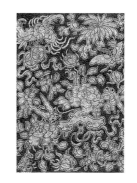

鱼红暗花绸地绣牡丹蝴蝶纹阑干马面裙

　　鱼红暗花绸地绣牡丹蝴蝶纹阑干马面裙，一片式白色棉布裙腰，两侧两纽襻，以杏红暗花绸为地。前裙门满绣牡丹、梅花、蝴蝶等纹饰，镶嵌玄青地绣花卉花边，裙两侧打褶，每个褶底分别彩绣穿枝花卉纹，并镶嵌24条花边。此裙以杏红色暗花绸为地，暗花纹饰为杂宝纹，间饰蝙蝠及棋格，呈散点分布，细节生动丰富。裙两胁处各镶饰12条1厘米左右的花边，共24条。据清代李斗《扬州画舫录》记载，扬州女性日常服装有"二十四褶"的"玉裙"。花边上以蓝色丝线绣制花卉纹，裙子前后裙门及下摆处除了镶饰1条细窄花边外，还以宽大的刺绣花边包边，使得裙子整体装饰风格相呼应，非常和谐。前裙门处的装饰十分繁复，采用戗针绣法绣制蝶恋花纹样，几乎铺满地，丝光饱满，针法细腻，造型多样。杏红色绸地的裙幅黑色"阑干"边的纱向为斜向，纱向垂直于底边，马面上的黑色"阑干"也采取一致的方向，表现出缎面光泽质感。黑色阑干不仅具有遮盖裙幅拼合线的作用，还可通过不同纱向加固拼合裙幅形状，并有利于形成"膨胀锥形"的造型效果。玉裙因为两侧的褶较多，故而下摆尤为宽大蓬松，穿着旋转舞动时，下摆的边则会呈现出如花瓣盛开的圆形姿态。（清华大学艺术博物馆藏）

杏黄色暗花纱纳纱绣福寿纹阑干裙

　　杏黄色暗化纱纳纱绣福寿纹阑干裙，两片式白色棉布裙腰，左右纽襻，中有二纽襻、三
纽扣，以红色暗花纱为地，暗花纹样为万字曲水地皮球花纹样，前后裙门处以戳纱绣八处
如意云头，内绣寿桃、花卉、连钱纹样，如意云头以蓝色丝线勾勒缘边。裙门下摆处绣有
蝶恋花、博古纹，缘边由内至外共饰四层，第一层为机织素花边，第二层为机织蝴蝶纹花
边，最宽大的花边以蓝色素缎为地，最外缘以淡绿色素缎包边，蓝色素缎宽边与外缘包边
中饰有极窄的机织绦，丰富了缘边的装饰层次。裙两胁以蓝色素缎制成阑干条，左右各12
条，共24条，为玉裙样式。马面部分的装饰可以看出是在别的料子上绣制好之后，加缀在
此处装饰的。（清华大学艺术博物馆藏）

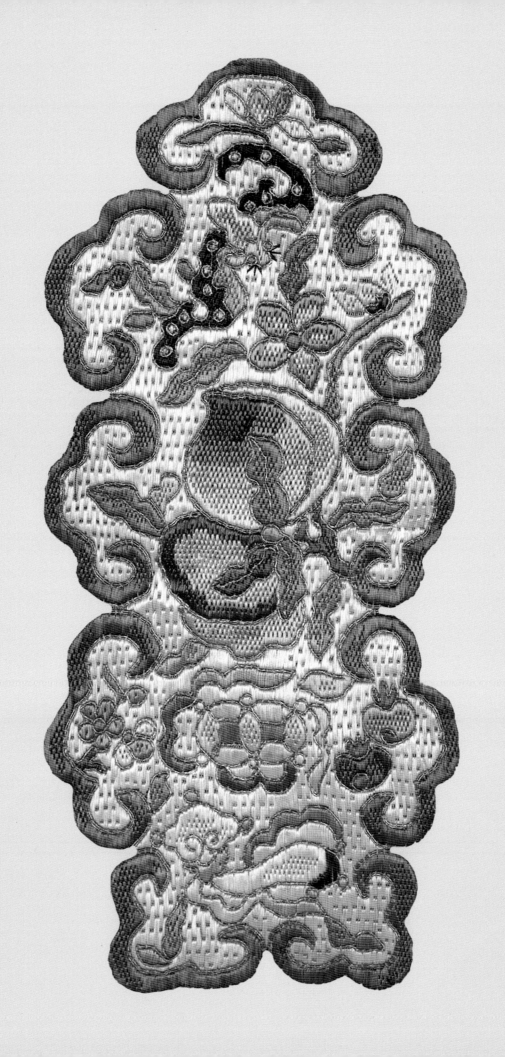

柿黄色暗八仙彩绣博古清供纹阑干马面裙

　　柿黄色暗八仙彩绣博古清供纹阑干马面裙，以清代柿黄色底暗八仙提花面料制成，一片式白色棉布裙腰，以柿黄色暗花缎为地，暗花纹样为暗八仙纹，前后裙门以各色丝线绣有博古纹，布置有花觚、香炉、书籍、画、果盘，所绣物象丰富多样，针法有盘金、钉线、打籽、套针、铺针等，花觚中兰花、梅花、芍药盛放，果盘中放有花卉及寿桃、石榴，寓意"多子多寿"，书卷以网绣构成天华锦样式，其外包裹一圈绵长的飘带，将书画一同交缠，呈现出飘逸华美的视觉效果，马面部分的装饰可谓惟妙惟肖，十分精彩，取"博古通今"的美好寓意。裙两胁以玄青色素缎制成阑干条，左右各五条，中间部分较为宽阔。其前后马面外缘及下摆处先以机织小花绦作第一层装饰，第二层缘边则以白色素缎为底，采用盘金三蓝绣有花卉纹饰，整体配色清雅，工艺精美，是阑干马面裙的经典款式。（林栖收藏）

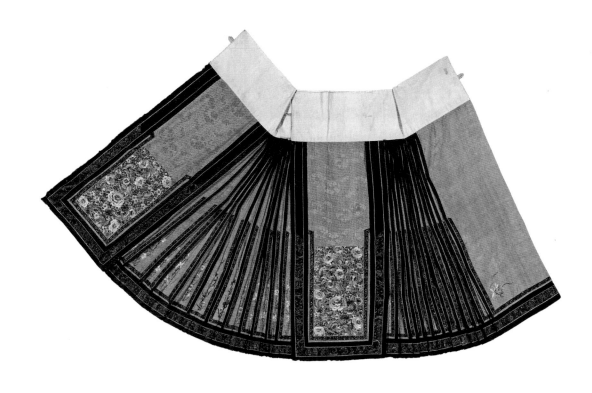

蜜黄色暗花缎戗针绣蝶恋花阑干马面裙

　　蜜黄色暗花缎戗针绣蝶恋花阑干马面裙，两片式白色棉布裙腰，两侧有纽襻，系带穿着，以杏黄色暗花缎为地，暗花纹样为祥云皮球花纹。前后裙门马面处以戗针绣蝶恋花纹为饰，刺绣针法细腻，配色丰富，晕色自然，缘边以深三蓝绣花卉纹窄边沿马面处作第一层装饰，第二层镶边为主要的装饰，以深三蓝绣花卉纹宽边为饰，缘边以淡蓝色素缎作细镶滚，又以玄青色素缎作包边处理，形成裙门缘边的装饰。裙两胁以玄青色素缎制长阑干条，又以深三蓝绣花卉纹窄边制短阑干条，每阑间又以穿枝花卉为饰，丰富了裙两胁的装饰。（明尼阿波利斯艺术博物馆藏）

蜜黄色暗花绸绣蝶恋花阑干马面裙

　　蜜黄色暗花绸绣蝶恋花阑干马面裙，一片式白色棉布裙腰，两侧两纽襻，系带穿着。前后裙门以三蓝绣绣牡丹、海棠以及六只姿态各异的蝴蝶，主要采用戗针绣绣制而成。色彩的选用上，花卉部分以深蓝色和中蓝色为主，整体色调低雅端庄，蝴蝶的绣制色彩较为缤纷，在深蓝色的绣地上显得较为突出。马面左、下、右均饰有玄青色缎绣梅花蝴蝶纹花边，然后以玄青色素缎镶嵌边缘，又以玄青色缎深三蓝绣有花卉纹样，有牡丹、菊花、水仙花等，风格统一，造型丰富。裙两侧以玄青色素缎制成阑干条，左右各12条，共24条，称"玉裙"。裙约二分之一处以玄青色缎制绣花卉纹制成短阑干条，每阑间饰有穿枝花卉纹，十分秀美。整体裙装形制规范，绣法细腻密实，配色典雅大方，整体装饰手法与"雪青色提暗花纱满绣蝶恋花卉纹阑干马面裙"类似。（王金华收藏）

蜜黄色暗花绸戗针绣蝶恋花阑干马面裙

　　蜜黄色暗花绸戗针绣蝶恋花阑干马面裙，一片式白色棉布裙腰，两侧有纽襻，系带穿着。裙身以黄色暗花绸为地，暗化纹样为祥云皮球花纹样，寓意"连中三元"。前后裙门处以戗针绣满绣牡丹花及梅花纹样，间饰玉兰花卉，虽然整体刺绣风格与紫色暗花绸绣蝶恋花阑干马面裙极其类似，但此处牡丹花的造型较为娇小，梅花呈散点形式装点，色泽淡雅却较为灵动，四只翩然起舞的蝴蝶飞翔于花卉丛中，形成生机盎然的景象，花蝶造型及配色给人一种清雅秀丽之感。马面外缘先以紫色机织花边作装点，后以玄青色三蓝绣花卉纹宽边为主体装饰，色彩及风格与马面和阑干的刺绣手法形成呼应，最外缘以玄青色素缎窄边作包边处理。裙两胁以玄青色素缎窄边制成阑干条状并于马面高度齐平处，以三蓝绣花卉纹作镶边处理，左右阑干条各12条，共24条，为玉裙形式。裙下摆部分镶边处理与前后马面的缘边部分装饰相同。整体裙装华美艳丽，刺绣技法高超，装饰层次丰富，于富贵典雅之中透露出秀丽灵巧之风。（陈菲收藏）

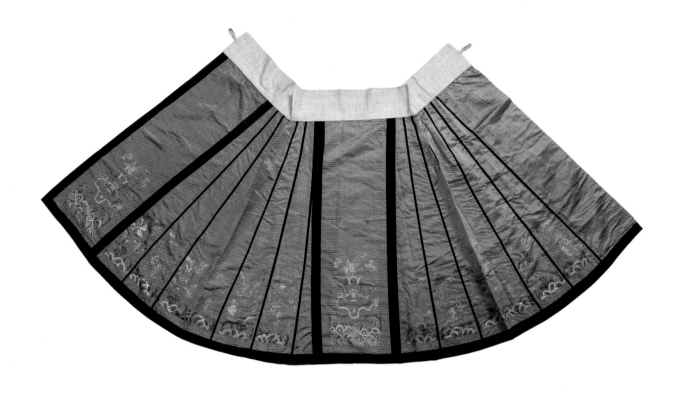

豆绿缎地龙凤纹阑干马面裙

　　豆绿缎地龙凤纹阑干马面裙，一片式白色棉布裙腰，以绿色缎为地，采用织锦方式装饰裙身。前后裙门马面处织海水江崖正龙纹，裙两胁用玄青色素缎窄边制成阑干条，将裙两侧划分为十个区域，左右各五阑，每阑间饰有海水江崖龙凤纹样，龙纹采用升龙状，较为适用于窄长构图。裙门及下摆的缘边装饰较为简约，以玄青色素缎作包边处理。整体裙装色泽亮丽，纹饰多样，款式经典。此裙与清华大学艺术博物馆所藏红缎地龙凤纹阑干马面裙基本相同。（林栖收藏）

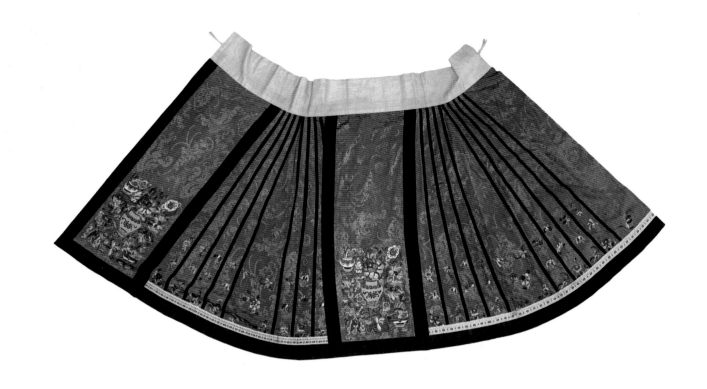

绿色暗花绸绣四季平安花卉纹阑干马面裙

　　绿色暗花绸绣四季平安花卉纹阑干马面裙，一片式白色棉布裙腰，内侧有纽襻，系带穿着。裙身以绿色暗花绸为地，暗花纹样为蝴蝶和幽兰，蝴蝶造型与藤蔓枝叶纹样相结合，十分繁复华美，造型硕大，取"蝶恋花"之意。前后裙门马面处以戗针、打籽绣绣制花瓶及牡丹花卉纹样，四周环绕着菊花、梅花、桃花、玉兰花等纹样，右下角的果盘中放置"寿桃、佛手、石榴"，取"多寿、多福、多子"的"三多"之意。左下角绣有双鱼及玉磬，取"吉庆有余"之意。裙门的外缘以玄青色素缎宽边镶饰，并以相同的窄边做包边处理。裙两胁各以八条玄青色素缎制成阑干条，将裙两侧区域划分为十个区域，最外的区域为内裙门，于角隅处饰有一枝幽兰，中间的阑干部分较为宽阔，所绣图案呈上下左右及中央五个部分，主题为"蝶恋花"，其余每阑间以彩色丝线绣有花蝶纹样，分三个部分呈纵向排列，主题依旧为蝴蝶花卉纹样，每阑间图案各有差异。裙装底料华美，形制规范，色泽典雅。（陈菲收藏）

绿色暗花绸印花蝶纹鱼鳞马面裙

　　绿色暗花绸印花蝶纹鱼鳞马面裙，以草绿暗花绸为地。裙两侧打褶，褶痕细密，状如鱼鳞。漆印是镂版漏印工艺，适宜印制小花。此裙"马面"便用漆印小花为饰，并加装宽厚的黑绸裁成的如意云头边饰。裙门采用镂版漏印精致的小花，加装黑绸如意云头边饰。裙门与裙背黑绸边饰的下摆，采用挖云工艺制两枚如意云头，用黄色丝绢镶边，内衬红绢。挖云也称"挖花"，指的是在面料上以镂空的方式雕琢纹样边缘，一般采用绲嵌工艺，多用香线绳制作。技法以小巧精致、平整无痕为上佳。此工艺所耗时长是绲边工艺的 10 倍之多，工艺难度较大。（清华大学艺术博物馆藏）

绿色提花绸镶黑缎盘长纹绦边鱼鳞马面裙

　　绿色提花绸镶黑缎盘长纹绦边鱼鳞马面裙，一片式白色棉布裙腰，以鹦鹉绿梅竹纹提花绸为地，马面及底摆衬毛绿色素绸，裙胁百褶处无里，前后裙门处贴有黑色素缎，上面以盘金、彩绣绣制宝瓶及花卉纹。宝瓶有吉祥平安的寓意。刺绣时先以盘金银线环绕处画饼以及花卉纹样，然后再用五彩平绣来绣花卉纹样，丰富装饰层次。裙两胁打细褶，并以同色线间隔牵引钉缝，形成鱼鳞状。前后裙门以及裙下摆镶嵌宝蓝色长寿富贵纹宽绦边，最缘边饰有黑色素缎宽镶边。（北京服装学院民族服饰博物馆藏）

绿色暗花绸饰镶边鱼鳞马面裙

　　绿色暗花绸饰镶边鱼鳞马面裙，两片式白色棉布裙腰，以草绿色暗花绸为地，暗花纹样为幽兰，前后裙门以三镶边为装饰，第一层镶边为粉色机织镶边，第二层镶边为黄色机织镶边，第三层镶边为玄青色暗花缎绣蝶恋花卉纹宽边。宽边的缘边以金线框出边框，内绣茉莉花苞连续纹样，为光绪年间典型装饰纹样。宽边的左右角以挖云制五福捧寿纹，宽边外缘以细镶绲收边。裙两侧打褶，褶痕细密，每裥间隔2至3厘米作牵引缝缀，形成鱼鳞状。此裙结构清晰，镶边装饰华美细腻，色泽对比强烈，是经典的鱼鳞马面裙样式。（明尼阿波利斯艺术博物馆藏）

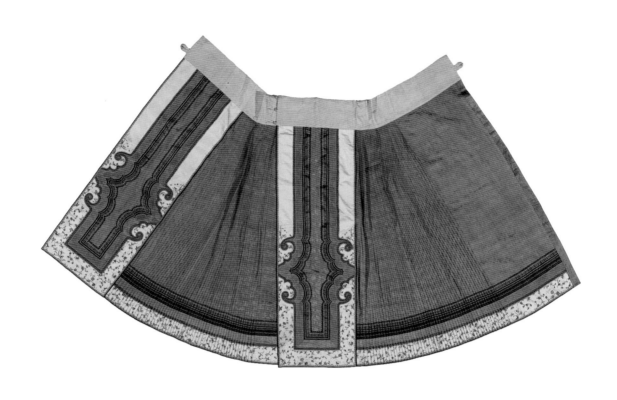

绿色暗花缎地饰三镶边鱼鳞马面裙

　　绿色暗花缎地饰三镶边鱼鳞马面裙，两片式白色棉布裙腰，两侧有纽襻，系带穿着。裙身以绿色暗花缎为地，暗花纹为皮球花纹样。此裙马面部分主要以由底纹及镶边制成的双如意云头造型为装饰。镶边部分先以红色机织花边作为第一层装饰，第二层边饰以金属色织花边为饰，以蓝色细镶绲作边缘轮廓的勾勒，然后以白色缎彩绣小花纹宽边为饰，宽边分别饰有玫红与黄色细绦边，最外缘以黑色细镶绲作缘边包裹，可见镶边工艺的复杂。裙两胁打细裥，制成鱼鳞状。裙下摆镶边基本与外裙门同。（周锦收藏）

翠绿色暗花罗绣瓜瓞绵绵纹阑干马面裙

　　翠绿地暗花罗绣瓜瓞绵绵纹阑干马面裙，一片式白色棉布裙腰。裙身以绿色暗花罗为地，暗花纹样为折枝花卉纹，因提花花卉造型硕大，显得尤为清晰，构成了突出的视觉装饰效果。前后马面以平针、打籽、戗针等绣法绣出双蝶、荷花、牡丹、梅花、玉兰、海棠、瓜果纹，寓意"多子多福""绵延不绝"。裙两胁的处理和大多阑干马面裙的处理相同，采用玄青色素缎制成阑干条，左右各5条，中间部分较为宽阔。每阑间饰有蝶恋花纹，内裙门下摆方位饰有一朵幽兰。裙子的缘边由橘色机织花边与玄青色织卍字盘长牡丹纹花边构成，对比鲜明。此裙配色清爽，绣法多样，装饰层次丰富，当为夏日所着之裙裳。（周锦收藏）

竹根青色缎绣海水江崖云龙纹阑干马面裙

竹根青色缎绣海水江崖云龙纹阑干马面裙，以绿色缎为地，白色亚麻裙腰，裙腰部分有改制，极窄且饰有塑料纽扣。前后裙门以平金彩绣绣制海水江崖纹样与正龙纹。龙身中央有一火珠，取"飞龙戏珠"，四周环绕彩色祥云，于上下左右四角装饰佛教八宝纹样。龙的左右及正中上方均有红色蝙蝠为饰，取"洪福齐天"之意。海水江崖纹样的装饰由平水、立水以及浪花构成，水浪间漂浮着红色珊瑚、犀角等吉祥之物。马面外缘先以机织花边为饰，又以玄青色宽边为饰，最外缘以同色缎缘边作包边处理。裙两胁以玄青色素缎窄边各制成五条阑干边，中间较为宽阔，饰有海水江崖升龙纹样，与主体纹样相呼应，其余四阑间饰有海水江崖凤鸟纹，间饰牡丹花或者如意祥云，取"富贵祥瑞，连绵不绝"之意。（陈菲收藏）

竹根青色缎绣海水江崖云龙纹阑干马面裙局部（陈菲收藏）

湖绿地缂丝龙凤纹阑干马面裙

　　湖绿地缂丝龙凤纹阑干马面裙，一片式白色棉布裙腰，两侧有纽襻、系带穿着。前后裙门采用织海水江崖正龙纹，正龙翻翔于海水江崖之上，四周环绕佛八宝及红色蝙蝠，海水中飘荡着吉祥的八宝纹饰。裙两胁以玄青色素缎作阑干条，左右各5条，共10条，其中中间的区域较为宽阔，织有海水江崖升龙纹，升龙呈现出飞龙叶珠的姿态。其余4阑间饰有飞凤衔牡丹纹样，其中第1阑和第5阑中的飞凤纹样相同，呈现出纹样反转状态。第2阑与第4阑中的飞凤纹样相同，为回首衔花状，且牡丹呈现将开未开之态，呈现出两侧纹样装饰的丰富性。此裙缘边的造型较为简约，仅以玄青色素缎作镶边装饰，最外缘饰有极窄的绦子边，或者缘边的部分有改制，因为其手法和同类裙装缘边处理有差异，没有做缘边的包边处理，且裙两胁阑干部分同样处理得不够精细，故而整体的缘边装饰显得单薄，较为平面。此裙与"紫红地缂海水江崖正龙纹阑干马面裙（残）"为同类裙。（明尼阿波利斯艺术博物馆藏）

果绿色缎绣杂宝花卉纹阑干马面裙

　　果绿色缎绣杂宝花卉纹阑干马面裙，一片式白色棉布裙腰，两侧绿色纽襻，以绿色缎为地，前后裙门以彩绣绣制菊花、梅花、芍药、牡丹以及暗八仙纹样。这里的暗八仙纹饰选择了其中四件作为点缀，即扇、葫芦、阴阳板、花篮，分别装饰于马面的四角位置。裙两胁以青色素缎窄条制成阑干条，左右各5条，将裙两侧各划分为五个区域。其中中间一栏宽24厘米，左右四栏相同，宽12厘米。阑干条分别饰有三多花卉纹样，"三多"寓意多福、多子、多寿，花卉造型配色各异，纹样吉祥美满。裙门及下摆处先以紫色机织花边作为第一层装饰，然后以玄青色素缎窄边作为主体的缘边装饰，最外缘以同色的玄青色素缎作包边处理。整体裙子的轮廓较为板正，配色丰富。（北京服装学院民族服饰博物馆藏）

豆绿缎地彩绣海水江崖金龙纹阑干马面裙

　　豆绿缎地彩绣海水江崖金龙纹阑干马面裙，一片式白色棉布裙腰，两侧有纽襻，
系带穿着。以豆绿缎为地。前后裙门彩绣海水江崖金龙纹，龙纹为正龙样式，中饰
一火珠，取"金龙戏珠"，其旁饰有红色蝙蝠及祥云纹样，蝙蝠为五只，当取"五
福呈祥"之意；其下方饰有海水江崖纹样，寓意福山寿海连绵不绝。马面的左、
下、右三边饰有三蓝绣花卉纹边框，裙两侧以拼缝样式将此区域划分为五个部分，
均有彩绣纹样。其中间区域最为丰富，以海水江崖花卉纹为饰。裙子下摆部分也以
三蓝绣绣制花卉纹，与马面旁的装饰花边同，形成了纹样上的呼应。裙子的前后裙
门及下摆边缘以玄青色素缎包边，构成裙子的大致轮廓。此裙装配色清爽雅致，刺
绣纹样精巧细腻，虽裙侧阑干部分的构成有所简化，但仍旧简洁秀美，特点突出。
（王金华藏）

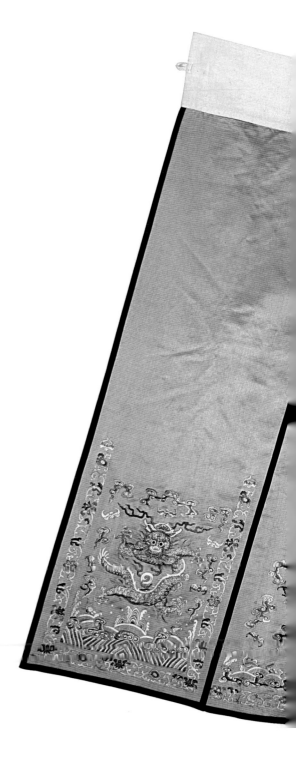

175

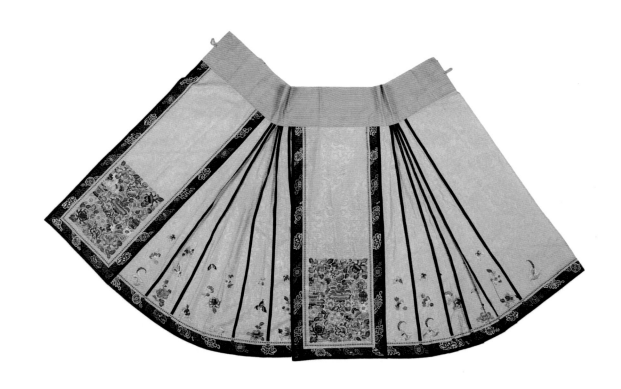

天蓝色绢彩绣牡丹杂宝阑干马面裙

　　天蓝色绢彩绣牡丹杂宝阑干马面裙，一片式湖色棉布裙腰，以湖色暗花绢为地，暗花纹饰为柿蒂纹与水仙纹的结合。裙两侧各镶嵌5条素青缎条带，状若阑干。阑干间以彩线绣制兰花、菊花、桃花、牡丹等花卉。前裙门与后裙门外绣制杂宝花卉纹样，有万年青、葫芦、万字、珊瑚、书卷、画轴、宝盒等物，寓意"博古通今""四艺雅聚""吉祥如意"。此类取吉祥之物随意择取的现象是典型的民间风格，此裙可能是民间绣坊制作而成的裙装。（清华大学艺术博物馆藏）

天蓝色绢彩绣牡丹杂宝阑干马面裙局部（清华大学艺术博物馆藏）

虾青地缂丝龙凤纹阑干马面裙

虾青地缂丝龙凤纹阑干马面裙，一片式红色棉布裙腰，两侧有纽襻，系带穿着，以蓝绿色为地。前后裙门以缂丝织造海水江崖云龙纹，并饰佛八宝纹样，有宝瓶、宝盖、双鱼、莲花、右旋螺、吉祥结、尊胜幢、法轮，取吉庆祥瑞之意。镶边为织金纹样缘边，前后裙门同，裙两侧以窄织金纹阑干边将其划分为五个区域，并缂有"凤穿牡丹""红蝠飞龙"纹。整体裙装配色低调含蓄，纹饰规格较高，应为身份地位较高的女子所着之裳。（王金华藏）

虾青色缎缂海水江崖正龙纹阑干马面裙

　　虾青色缎缂海水江崖正龙纹阑干马面裙，一片式白色棉布裙腰。前后裙门采用
缂丝技法织海水江崖正龙纹。裙两胁以玄青色素缎作阑干条，左右各5条，共10
条。其中间的区域较为宽阔，织有海水江崖升龙纹，另外四阑图案布置较为窄长，
饰有海水江崖飞凤纹，飞凤姿态各异，可以看出纹样设计经过深思，后内裙门右角
隅处饰有一团立水纹样。缘边的装饰以机织花边为主构成，第一层为橙色缘边，第
二层为机织花卉纹缘边。两者构成前后裙门及下摆处的缘边装饰。整体裙装色泽淡
雅，缂织精细，采用平缂、缂金、缂鳞等技法，是阑干裙中较为少见的技法。（明
尼阿波利斯艺术博物馆）

虾青色缎海水江崖纹改制对襟褂

　　虾青色缎海水江崖纹改制对襟褂，立领、对襟、平袖、三纽襻，领口、对襟及袖口处饰有玄青色素缎做缘边装饰，其两袖及背面以七条玄青色素缎做间隔装饰，由领口直线延伸至袖口及下摆处，形成微放射状装饰骨架，如阑干条。整体服饰以蓝色缎为地，下摆织有海水江崖龙凤纹装饰，袖口每两条阑干间装饰有同类题材纹样。根据服装整体构造可知，此衣是由马面裙改造而成的中式风格对襟褂，其下摆处为两个外裙门，袖口及背面为马面阑干裙的侧面（具体形制可参考"豆绿缎地龙凤纹阑干马面裙"）。此裙为美国波士顿的琳达·史蒂文斯（Lynda Stevens）女士捐赠给上海纺织博物馆的服饰，据琳达女士介绍，这件上衣是她的祖辈于19世纪来中国从事贸易工作期间所获，继而带回美国，已在家族中传承了四代。（上海纺织博物馆）

虾青色缎海水江崖纹改制对襟褂局部（上海纺织博物馆）

品蓝缎地印金团龙纹阑干马面裙

　　品蓝缎地印金团龙纹阑干马面裙，一片式白色棉布裙腰，侧边两纽襻，以蓝色
素缎为地，采用印金工艺装饰裙门及下摆处。前后裙门处纹样相同，以正龙团花纹
为主，四角以如意云和蝙蝠造型相结合，形成如意蝙蝠状祥云，十分有特色。马面
左、右、下三面装饰镶边，内饰夔龙纹于边缘处制成如意状。裙两侧以玄青色素缎
窄边将裙侧各划分为五个区域，共十个区域，中间部分较为宽阔，装饰团升龙吐珠
纹，并饰祥云纹。其余四个区域较小，饰有小型团升龙纹，并饰有三朵如意云纹。
内裙门角隔处饰有火珠纹，裙下摆均有夔龙纹装饰缘边，与马面处相呼应。（大都
会艺术博物馆）

霁蓝色暗花绸印花百褶马面裙

　　霁蓝色暗花绸印花百褶马面裙，一片式白色棉布裙腰，侧边无扣襻，以霁蓝暗花绸为地，暗花纹样以卍字菱格纹为骨架装饰，并于菱格纹内布置叶形装饰纹样。裙子通身装饰由印花构成，前后裙门饰有蝙蝠、兰花纹、如意云头、盘长等，寓意吉利。较为有趣的是，此裙门以连续点状纹样构成如意云头宽缘边造型装饰，缘边最外缘饰有一圈花头向内的茉莉花苞装饰。此种纹饰在清光绪年间常见，马面裙的裙门也多采用刺绣手法制成此类缘边装饰。裙门两角的装饰似乎在模仿雕绣的手法，这从工艺上来看是一种简化的形式，但呈现出一种别具一格的美感。（北京艺术博物馆藏）

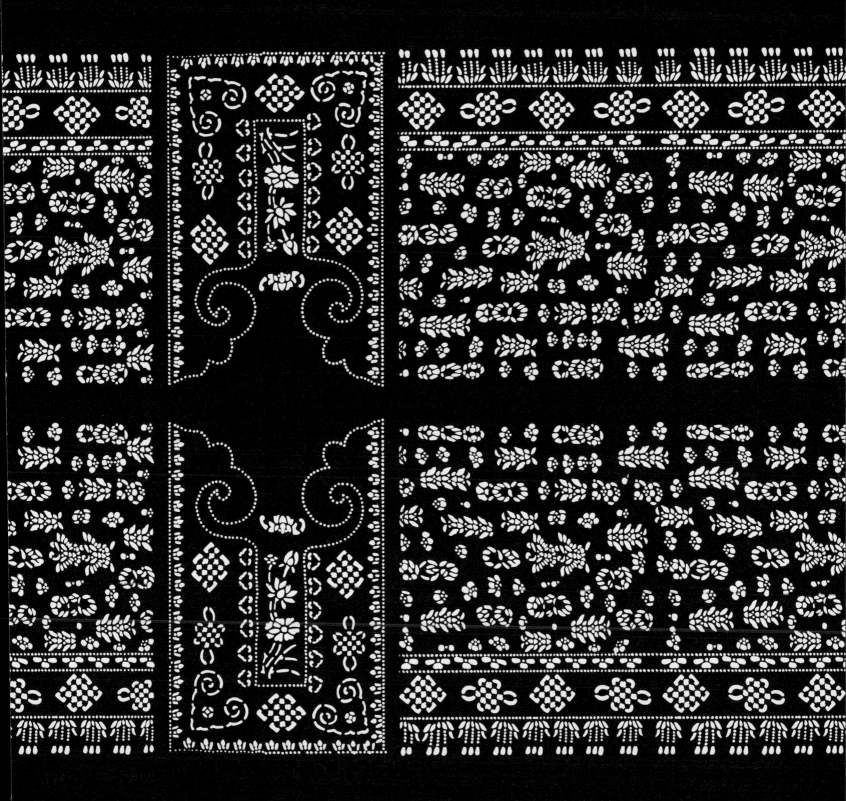

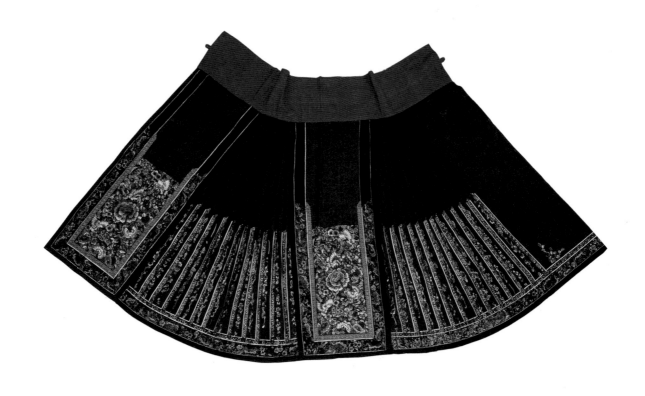

霁蓝暗花绸地绣蝶恋花纹阑干马面裙

霁蓝暗花绸地绣蝶恋花纹阑干马面裙，一片式蓝色棉布裙腰，两侧有纽襻，系带穿着。裙身以霁蓝暗花绸为地，暗花纹样为祥云皮球花。前后裙门处以三蓝绣法满绣花卉纹样。花卉有牡丹、梅花、海棠、莲花、菊花、幽兰等。虽然花卉种类繁多，但是都以三蓝戗针绣法来表示，因此形成了统一的风格作为马面部分的绣底。主体的五只蝴蝶飞舞于花丛中，在深蓝的地色上，黄蓝绿为主题色调的蝴蝶显得尤为突出。裙外缘先以黄色机织花边为饰，又以玄青色素缎宽边作为装饰，在临近马面的部分以三蓝绣花卉为饰，形成缘边装饰与主体马面装饰的呼应效果，裙两胁以玄青色素缎及三蓝绣花卉纹窄边制成阑干条，将裙两侧划分为14个区域。每阑间以穿枝三蓝绣花卉纹作装饰，外裙门角隅处以三蓝绣一枝花卉纹作装饰，十分雅致。整体裙装以紫色、蓝色为主要色调，绣法细腻，装饰多样，呈现出典雅秀美的风姿。前后裙门处蝴蝶色彩的选用及黄色机织花边的选用尤为巧妙，通过冷暖色调的对比，凸显主体部分，为点睛之作。（陈菲收藏）

镂空地三蓝打籽绣"八仙过海"马面绣片

　　镂空地三蓝打籽绣"八仙过海"马面绣片，以三蓝打籽绣绣制而成，长24厘米，宽18厘米，主体纹样为绣球花，此花古称"八仙花"；背衬一枝海棠，暗喻"八仙过海"。八仙过海，则源于八仙过东海赴王母蟠桃盛会，不用舟船，各显神通。八仙的传说源于南宋时期，元代杂剧中已见李铁拐形象。明代吴元泰根据民间传说整理为《东游记》，八仙人物由此定型。在传统工艺美术中，多以八仙象征群仙祝寿，也称"八仙集庆"；亦有依据绣球花和海棠花的仙名寓意八仙过海祝寿之说，此幅马面的题材便是其见证。

　　"三蓝绣"是受青花瓷器影响而产生的刺绣针法，采用多种深浅不同而色相统一的绣线绣制而成；三蓝绣因色调和谐、针法一致从而呈现出清雅秀丽的装饰风格，广泛应用于刺绣服饰和日用品之中。三蓝绣主要是指刺绣的色彩搭配方式，其实不拘泥于三蓝，还有三红、三绿等搭配，针法有三蓝打籽、三蓝戗针等。"打籽绣"是将绣线在针上绕一圈，在近线根处刺下形成疙瘩结，以点构成面；由于每个籽粒细小，排列灵活，十分具有装饰特色，常被用作花蕊的绣制。（清华大学艺术博物馆藏）

深藕荷暗花绸地绣蝶恋花纹样阑干马面裙

　　深藕荷暗花绸地绣蝶恋花纹样阑干马面裙，两片式白色棉布裙腰，两侧有纽襻，系带穿着。裙身以紫色暗花绸为地，暗花纹样为折枝花卉纹，前后裙门处以三绿戗针绣牡丹梅花纹样，二绿色彩过渡自然并满铺作地。八只翩然起舞的蝴蝶州同样以戗针绣制而成，蝴蝶姿态各异，色泽丰富，在绿色的绣地上显得格外突出。裙门处先以三蓝满绣花卉窄边为第一层缘边装饰，再以玄青色素缎宽边作第二层缘边装饰又以三蓝满绣花卉宽边为第三层缘边装饰，最外缘以玄青色素缎窄边作包边处理。裙门的镶边层次丰富，且绣法风格呼应，显得尤其华美。裙两胁则以玄青色素缎各制成18条阑干条，每阑间又以穿枝花卉纹点缀，在裙长约二分之一处饰有三蓝满绣花卉纹阑干条。内裙门的角隅处饰有一枝幽兰，整体裙装配色艳丽，阑干及镶边装饰层次多样，刺绣细腻，十分典雅华美。（陈菲收藏）

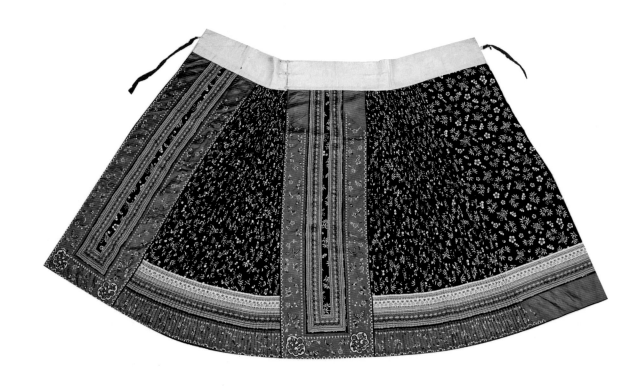

深藕荷色暗花绸印梅竹纹鱼鳞马面裙

　　深藕荷色暗花绸印梅竹纹鱼鳞马面裙，以青莲色暗花绸为地，两侧各捏 51 条
细褶，褶痕细密，并按规律进行点式钉缀，张开如同鱼鳞般，故名"鱼鳞裙"。裙
下摆镶宽大花边，上面两层为机织花边，下面一层为大青缎地彩绣花边，以平针绣
折枝小花。裙通身以漆印小花为饰，采用镂版套色漏印，乃晚清的印花工艺。其需
先用白色印出所有纹样，然后再在白色上套印绿、桃红、浅蓝诸色，形成近乎褪晕
的效果。（清华大学艺术博物馆藏）

鸦青色暗花罗三蓝绣蝶恋花纹阑干马面裙

　　鸦青色暗花罗三蓝绣蝶恋花纹阑干马面裙，一片式白色棉布裙腰，以石青色暗花罗为地，暗花纹样为蝶恋花。前后裙门以三蓝平针打籽绣绣制牡丹、菊花、蝴蝶等纹样，造型多样，针法细腻，尤其在牡丹花蕊部分的塑造，散点打籽布置，十分细腻，双蝶翩然起舞，色泽深浅有致，细节生动。裙两胁以玄青色素缎制成长阑干条，将裙子左右各划分为五个区域，中间部分较为宽阔，每阑间均饰有形态不同的朵花及蝴蝶纹样，与马面部分的装饰相呼应。裙门外缘及下摆处的装饰先以机织花卉为饰，又以织金边为饰，应为含金量的问题，此处的金色较为深沉，似金属光泽。裙子的深色的底与金属的光泽相对比，呈现出简洁华贵之感。（林栖收藏）

玄青色暗花缎印花鸟纹鱼鳞马面裙

　　玄青色暗花缎印花鸟纹鱼鳞马面裙，两片式蓝色棉布裙腰。裙身以玄青色暗花缎为地，暗花纹样为折枝花卉纹，花卉造型较大，前后裙门以印花工艺印制芍药鸟雀纹，间饰蝴蝶纹样。裙门边饰较为简洁，以蓝色机织花边作装饰，较为窄小，显示出裙门的宽阔。裙两胁打细褶，制成鱼鳞状。两侧的装饰与裙门处相同，以印花工艺印制花卉纹样，然后印出回字纹边饰，再以盘长与蝙蝠等纹样构成第二层装饰元素，接着又以连续的点状装饰与如意云头垂穗状装饰构成第三层缘边装饰，最后以机织蓝色花边作包边处理，风格与前后裙门缘边装饰相同，起到呼应效果。整件裙装的装饰主要依靠印花工艺制作而成，配色简约大气、稳重端庄。（周锦收藏）

玄青暗花绸地三蓝绣花蝶纹阑干马面裙

　　玄青暗花绸地三蓝绣花蝶纹阑干马面裙，一片式白色棉布裙腰，两侧有纽襻，系带穿着。裙身以玄青暗花绸为地，暗花纹样为皮球花，前后裙门以三蓝戗针绣绣制牡丹、蝴蝶、藤花纹，主体的五朵牡丹花缘边采用盘金绣，窄出花头部分。裙门外缘以三蓝绣花卉纹窄边作第一层装饰，第二层装饰采用三蓝绣花卉纹，花卉形态各不同，形成缘边装饰的丰富层次，最外缘以玄青色素缎作包边处理。裙两胁以玄青色素缎制成阑干条，左右各 12 条，为玉裙样式。阑干条由玄青色素缎和三蓝绣花卉纹小阑干边构成，每阑间以穿枝花卉纹为饰，外裙门下摆处有一支幽兰。裙下摆装饰与前后裙门处相同，形成了端庄统一的装饰风格。（周锦收藏）

玄青色暗花缎盘金绣龙凤纹马面裙

　　玄青色暗花缎盘金绣龙凤纹马面裙，两片式淡蓝色棉布裙腰，侧边两纽襻，以玄青色素缎为地，采用盘金彩绣装饰裙门及下摆处。前后裙门处纹样相同，以正龙团花纹为主，四角以如意云和蝙蝠造型相结合，形成如意蝙蝠状祥云，十分有特色，马面左、右、下三面饰有镶边，内饰夔龙纹于边缘处制成如意状。裙两侧以玄青色素缎窄边将裙侧各划分为五个区域，共十个区域，中间部分较为宽阔，装饰团升龙吐珠纹，并饰祥云纹，其余四个区域较小，饰有小型团升龙纹，并饰有三朵如意云纹，内裙门角隅处饰有火珠纹，裙下摆均有夔龙纹装饰缘边，与马面处相呼应。（林栖收藏）

玄青色暗花缎盘金绣龙凤纹马面裙局部（林栖收藏）

玄青色暗花绸绣花鸟纹鱼鳞马面半裙

　　玄青色暗花绸绣花鸟纹鱼鳞马面半裙，一片式白色棉布裙腰，原为两片式，系带穿着，以青色暗花绸为地，暗花纹饰为蝴蝶纹。裙侧打褶，褶痕细密，褶间以细线按规律进行点式钉缀，状若鱼鳞，故名"鱼鳞裙"。裙门处以彩色丝线绣制仙鹤、蝙蝠、梅花、皮球花、蝴蝶等纹饰。裙门下端以雕绣绣制两如意云头。裙门外饰有一圈秀美小巧的茉莉花苞，这是光绪年间典型的装饰风格，故此裙应为光绪产物。（清华大学艺术博物馆藏）

青色纱地三蓝绣花卉纹阑干马面裙

　　青色纱地三蓝绣花卉纹阑干马面裙，一片式白色棉布裙头，以青色纱为地。前后裙门采用三蓝平针绣绣山坡、山石、菊花、牡丹花、水仙花等纹样。裙两胁以极窄的素色缎边将两侧区域各划分为五个区域，中间区域较为宽阔，绣有姿态各异的花卉纹样三枝，内裙门绣有一枝水仙花。裙门及下摆处先以机织蓝色花卉纹窄边为饰，再装饰蓝色素缎窄边，最外缘以蓝色素缎作包边，整体风格统一，配色和谐。（清华大学艺术博物馆藏）

青色纱地绣山石菊花纹阑干马面裙

　　青色纱地绣山石菊花纹阑干马面裙，一片式乳黄色亚麻布裙腰，两侧有纽襻，系带穿着。外裙门以三蓝绣为主体，绣制菊花山石纹样，其中一只菊花花头部分采用三黄绣绣制而成，右上方饰有一只红蝙蝠，寓意福从天降，缘边装饰先以白色机织花边为饰，再以蓝色暗花缎制成大宽边。其由内至外先以黑色窄边镶嵌，又以蓝色窄边镶嵌，随后以白色窄边镶嵌，最后以黑色窄边镶嵌，形成内部缘边装饰，其外缘以白色窄边沿边缘装饰，下摆两角处作弯角处理，最外缘以深蓝色素缎作包边处理。裙两胁先以玄青色素缎制成阑干条，然后在与马面高度差不多相同的地方采用蓝色绸制成剑形短阑干条，形成阑干条多样的装饰。裙阑间以三蓝绣花卉蝙蝠纹为饰，外裙门下摆处绣有一枝幽兰，下摆处缘边装饰与前后裙门处同，形成呼应关系。此裙底料轻薄，绣法细腻，缘边与阑干装饰丰富，在多变间显露出一种和谐的风范。（周锦收藏）

青色地戳纱绣蝶恋花纹阑干马面裙残片

青色地戳纱绣蝶恋花纹阑干马面裙残片，裙子仅剩阑干部分的装饰。以现有的残片来看，裙子本身应为阑干马面裙，其阑干部分的构成以玄青色素缎作长阑干条，并以机织花边和三蓝绣花卉纹作短阑干条，说明阑干部分装饰繁复。每阑间以戳纱绣绣制蝶恋花纹，主要的花卉有牡丹、菊花、海棠，花卉造型丰富，针法细腻平整，可以感受到此裙完整时的秀美之姿。以戳纱绣为饰的马面裙较为少见，裙子在着装时配合裤子穿着，能呈现出纱裙的轻透婉约，增添着装的层次感。（林栖收藏）

红青缎地彩绣孔雀开屏纹鱼鳞马面裙

　　红青缎地彩绣孔雀开屏纹鱼鳞马面裙，一片式白色棉布腰头。以石青缎为地，前后裙门马面处采用彩色丝线绣绣制孔雀开屏及鸟兽纹样，形象塑造丰富，以绿色系为主，裙两胁打细褶，并采用丝线间隔约 1 厘米牢缀，形成鱼鳞状，并于其上绣制牡丹花卉纹，配色以绿色系为主，形成与主体色彩相呼应的视觉效果。后内裙门角隅处饰有一朵幽兰，整体裙装配色较为少见，深色地与刺绣的对比强烈，突出刺绣的装饰之美，缘边以玄青色素缎作包边处理，同样衬托出马面及裙两胁的刺绣之美。（林栖收藏）

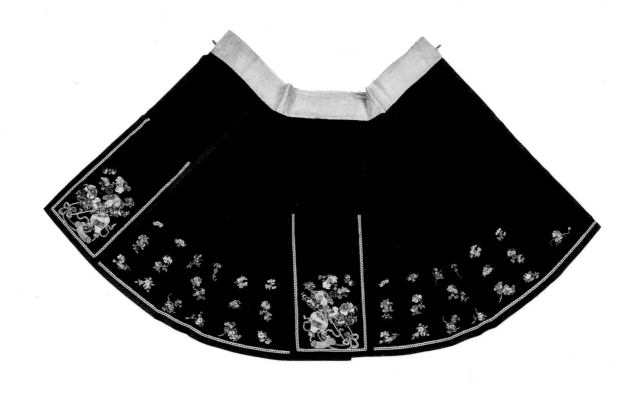

石青暗花绸地绣花卉纹阑干马面裙

石青暗花绸地绣花卉纹阑干马面裙，一片式乳黄色亚麻布裙腰，裙长100厘米，下摆宽105厘米，以青色暗花绸为地，暗花纹为曲水万字地蝴蝶纹。前裙门以及后裙门处以打籽及套针绣法绣制牡丹、菊花、佛手、红蝠、宝瓶等吉祥纹饰，寓意"洪福齐天、吉祥富贵"。裙门及下摆处镶嵌机织花边。裙两胁处各以青色缎窄边制成阑干条状，左右各5条，中间区域较为宽阔且装饰五花卉纹，上下两角各饰2朵，中间饰1朵。其余四条阑干间各饰3朵，与主纹相呼应。此裙底色沉稳，绣法精细紧密，配色多样，端庄华美。（清华大学艺术博物馆藏）

石青暗花绸地绣花卉纹阑干马面裙局部（清华大学艺术博物馆藏）

石青暗花绸地绣花卉纹阑干马面裙局部（清华大学艺术博物馆藏）

多色暗花缎钱针绣孔雀开屏纹月华鱼鳞马面裙

　　多色暗花绸地钱针绣孔雀开屏纹月华鱼鳞马面裙，两片式白色棉布裙腰，两侧两纽襻，系带穿着。裙两胁打细褶，每褶间隔约 1 厘米又以纤细的同色线牵缀，轻轻便呈现小如鱼鳞片般的形状，故名鱼鳞群。裙两侧褶的色彩，采用了月白、黄、粉、绿、米白、紫色这六种颜色，每侧裙褶的色彩变化为十种，和叶梦珠所描绘的色彩淡雅，腰间一边十褶，每褶各用一色，风动色如月华之裙极类似。（清华大学艺术博物馆藏）

| 库灰 | 粉红 | 雪灰 | 荔枝红 | 官绿 | 秋葵 | 天蓝 | 深月白 | 藕褐 | 并紫 | 真紫 |

多色缎地绣人物地景纹月华马面裙

多色缎地绣人物地景纹月华马面裙，一片式白色棉布裙腰。前后裙门颜色不同，一为红色缎地，一为白色缎地。纹样虽都为人物地景纹，但刻画内容不同。红色缎地裙门上采用盘金、打籽、平绣等绣法绣五人物，人物分两组，一组为一身着黄色官服骑着白色骏马的贵人，其身后童子举旌幡，身前童子抱佛手，当取"马上封侯""抱福接禄"之意。另外一组人物，主要人物身着青色官服，身上有团花装饰，脚踩青白之路，旁有一男子指引，暗寓"平步青云"，画面上方有硕大的仙桃作为装饰，这幅马面蕴含了"福禄寿"纹。白色缎地裙门上以盘金打籽绣绣五人物，其中三人成组，内有一男子，身着官服坐于圆凳之上，身旁两位仕女一位正在倒酒，一位踞坐于地，手持果盘。远处一位身着红色云肩的女子探身望向金盆之中，一童子半跪于地，双手捧举。裙两侧以十种不同的色彩拼贴且镶饰阑干裙，并于地上绣有金龙飞凤纹样，一阑干一纹饰，下有海水金龙纹。此裙非常有特色的地方是将月华、阑干的形制做了连接，并于每条阑干边缘饰有极窄的细花绦，于是便形成了一阑干间三种不同的装饰层次。（王金华收藏）

红青　　柿红　梅红　海天霞　豆沙色　　茶褐　深月白　并紫　深藕荷

多色暗花缎绣人物地景纹月华鱼鳞马面裙

　　多色暗花缎绣人物地景纹月华鱼鳞马面裙，两片式白色棉布裙腰，以杏红色暗花缎为地，暗花纹样为流云杂宝、蝙蝠纹。前后裙门马面处以盘金绣为地，绣开窗人物纹，开窗纹样丰富，人物风景塑造精细，可以看出是在别的绣地绣制完成后缝缀此处装饰的。裙门缘边以灰色机织花边和白色机织花边及玄青色素缎三蓝绣盘金幽兰、盆花纹样为饰，缘边装饰于裙膝处制成如意云头，增添了裙门处的装饰层次。此裙较为有趣的是，内裙门也做了相同的装饰，这是极其少见的做法，因为内裙门一般会被遮盖于外裙门之下，加之容易磨损，故而常见光面或角隅装饰朵花纹。裙两肋打褶，褶痕细密，每褶间隔约1厘米以丝线牵引缝缀，构成鱼鳞裙样式，并以12条不同的颜色拼制成月华裙样式，左右各12色，共24色，又和玉裙的数字相合，十分有趣。此裙可称为月华鱼鳞马面裙，极为精美。（明尼阿波利斯艺术博物馆藏）

米	金	金	朱	猩	银	天	密	湖	太	燕	玄
白	色	黄	红	红	灰	蓝	绿	色	师	尾	青
色									青	青	

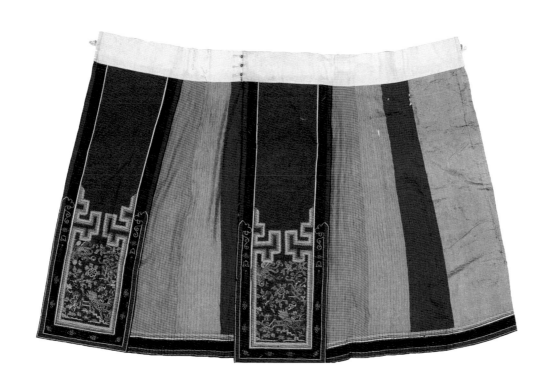

多色暗花缎地绣瑞兽花卉纹月华马面裙

多色暗花缎地绣瑞兽花卉纹月华马面裙，两片式白色棉布裙腰，两侧有纽襻，系带穿着。裙身以粉色、蓝色、橘色、绿色及红色缎构成。前后裙门为红色缎，马面部分以彩色丝线绣有麒麟、凤鸟、山石、寿桃等纹样，其缘边以蓝绿色机织花边制成方如意云头样式，增添了马面部分的装饰性，然后以玄青色素缎制成宽边，以盘金等绣法绣有盘长、铜铃纹样，充满趣味。裙两胁打细褶，以绿色、橘色、蓝色构成，为月华裙样式，并且在细褶间以丝线隔约 1 厘米牵缀钉缝形成鱼鳞状，为鱼鳞裙样式，由此可见此裙乃复合裙装样式。（周锦收藏）

多色暗花缎盘金打籽绣人物庭院纹阑干月华马面裙

多色暗花缎盘金打籽绣人物庭院纹阑干月华马面裙，形制与阑干裙相同，属于两者的结合，裙腰为两片式淡蓝色棉布，两侧两纽襻，系带穿着。前裙门与后裙门均以大红色暗花绸为地，马面部分以盘金绣、打籽绣、平针绣等绣法绣人物庭院纹，裙两侧以多彩绸拼缝而成，呈现出三角形，上窄而下阔。裙子所用色彩丰富，有粉、浅蓝、红、紫、月白、水红、深蓝、黄色，并在绸地上起亮花，花卉纹饰为佛八宝，寓意吉利。裙两侧一并镶嵌有玄青色阑干边30条，阑干边不仅可以起到遮挡拼缝的作用，还可以加固拼缝处，其简约的色泽与丝光走向和绚丽的暗花缎形成鲜明对比，形成独特的装饰元素，显得尤为华美绚丽。裙下摆自然展开，呈现出A字形造型，整体阔大华美。（清华大学艺术博物馆藏）

| 柿黄 | | 朱颜酡 | 红灰 | 桃红 | 樱桃红 | 茶青 | 香色 | 砂绿 | | 墨灰 | 藕褐 | 浅绿 | 孔雀绿 | 红青 | 霁蓝 | 紫色 | 玄青 |

多色暗花缎盘金打籽绣人物庭院纹阑干月华马面裙局部（清华大学艺术博物馆藏）

镶蓝色缎边彩条凤尾条状阑干月华马面裙

　　镶蓝色缎边彩条凤尾条状阑干月华马面裙，一片式凤尾裙，土黄色棉布裙腰头，侧边无扣襻。前后裙门底色有异，前裙门为黄色暗花缎地，暗花纹样为蝙蝠纹，取"福从天降"之意。马面部分则以白色缎为地，整体显得极其窄长，并以彩绣绣有蝴蝶花卉纹，缘边饰有一圈花头向内的茉莉花苞纹样，后裙门则以红色暗花缎为地，暗花纹样为蝙蝠纹，马面部分无额外装饰，可见前裙门的装饰是之后加缀上去的。前后裙门及下摆处装饰有机织花边及素缎地宽边，并于裙门中缀制作成如意云头装饰，与底缎交相呼应，层次感极为丰富。马面部分装饰较为独特的以雕绣制成的纹样，位于前后裙门下摆处。前裙门以如意云头为基础构成，后裙门则以双蝶纹构成，细节上的差异使得整体裙装更为精美。裙两侧以黄、蓝、枣红、紫红、雪青、紫、柳绿等暗花绸拼接缝制，属于月华裙的形式，但其上饰有八条素蓝缎地镶边，镶边造型别致，底端以双剑头形式、用蓝、紫、黄、淡蓝四种颜色配合窄绦带将此缎阑干划分为四个区域，此八条剑形装饰可以看作是马面裙、月华裙与凤尾裙的结合。此裙配色丰富绚烂，造型精致，华美多姿。（北京艺术博物馆藏）

蜜　葱　藕　花　蓝　砂　蓝　青　霁　紫　玫　香
黄　绿　褐　青　绿　绿　色　次　蓝　檀　瑰　灰
　　　　　　　　　　　　　　　　　　　　紫

234

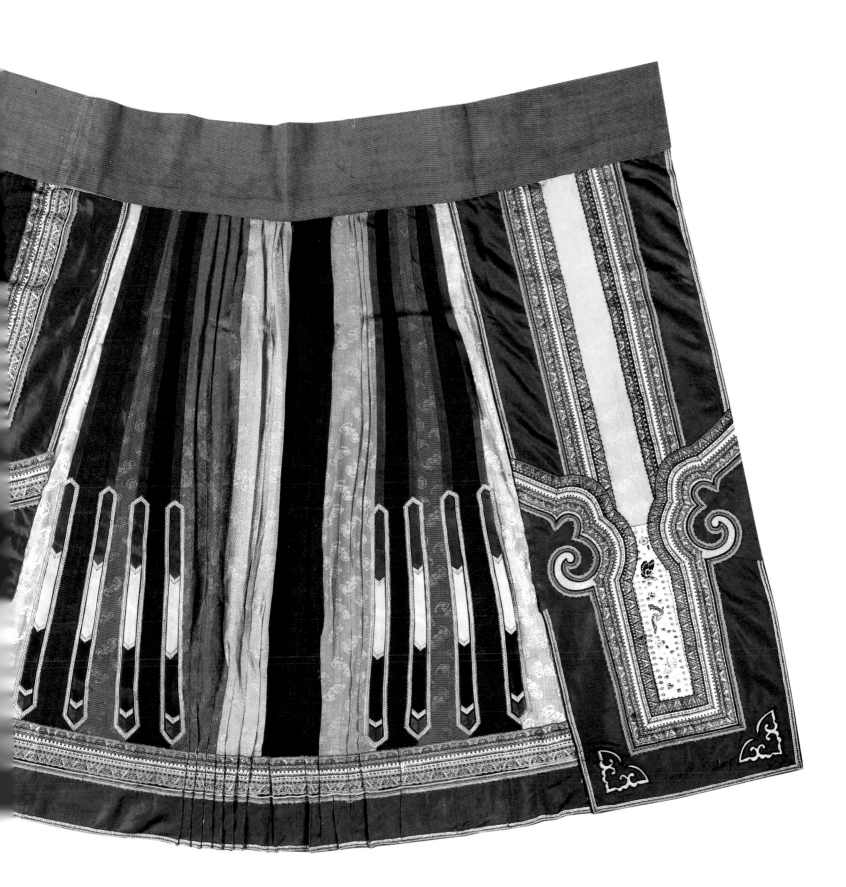

彩条暗花绸凤尾条式阑干月华马面裙

　　彩条暗花绸凤尾条式阑干月华马面裙，一片式裙头白色棉布裙腰，以多色暗花绸拼贴成月华凤尾状马面裙。前后裙门处以白色缎彩绣开光庭院仕女纹，边饰一圈茉莉花苞，花头向内。缘边装饰主要有三层，第一层为机织绿色花卉纹花边，第二层为机织白地波浪纹，第三层为白缎地彩绣花卉纹宽边，缘边以青缎地包边。裙两胁的阑干融汇了阑干与凤尾的特色，最上层先以七条蓝缎地镶边构成，下缘以双箭形彩色镶边构成，同时拼贴的布料颜色有绿色、杏色、蓝色、胭脂红、黄色、玫红、月白等，在裙两侧中间各饰有一红色纽襻，应是用来挂装饰品。（北京艺术博物馆藏）

橘黄色缎地彩绣龙凤呈祥纹凤尾裙

　　橘黄色缎地彩绣龙凤呈祥纹凤尾裙，一片式黄色暗花绸裙腰，裙腰材质多见棉布或亚麻，丝绸材料较为少见。以橘黄色缎为地。前裙门用彩色丝线绣有正龙纹，后裙门以彩色丝线绣有飞凤纹。裙两胁缀饰彩色飘带，有酱色、黄色、杏色、月白、绿色等，并于彩条上加饰蝶恋花卉纹。裙装整体配色丰富，前后裙门尾端均加饰橙色丝穗，繁复艳丽。（林栖收藏）

杏黄	檀红	棕色	拓黄	香色	元青	蓝绿	太师青	银色	橙白	葱绿

橘黄色缎地彩绣龙凤呈祥纹凤尾裙局部（林栖收藏）

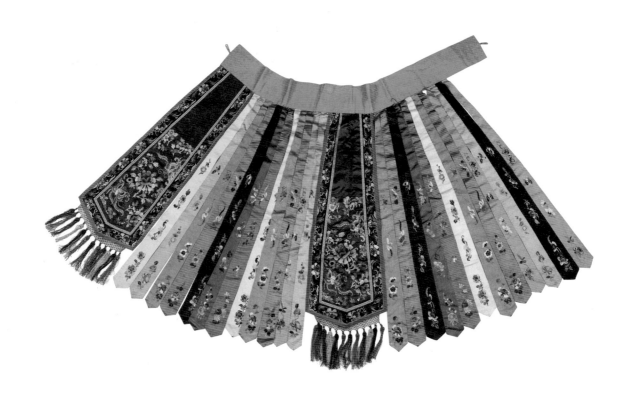

多色缎地绣蝶恋花纹凤尾裙

多色缎地绣蝶恋花纹凤尾裙，裙头以橘色棉布为地，前后裙门以红色缎为地，彩绣牡丹花及双蝶纹，取"蝶恋花"之意，并于下端缀有12条彩穗。裙两侧以多色缎裁剪成彩条，颜色有8种，分别为"黄、褐、月白、橘、绿、白、蓝、大红"，共有24条彩条，可谓是凤尾裙与月华裙的结合。每条彩条上刺绣朵花及蝴蝶纹样，细节生动。前后裙门处装饰同，以彩线绣制蝶恋花纹饰。这是一件独立的凤尾裙，在穿着使用的时候可以搭配日常的百褶马面裙，显得更为隆重。（清华大学艺术博物馆藏）

| 象牙白 | 天蓝 | 鹰脖色 | 浅绿 | 竹根青 | 蓝绿 | 黛色 | 红青 | 铁紫 | 缃色 | 朱红 | 海棠红 | 海天霞 | 朱颜酡 | 棠红 | 柿黄 | 藤黄 |

红色缎彩绣花果纹凤尾裙

红色缎彩绣花果纹凤尾裙，两片式红色棉布裙腰。裙两胁以多色缎裁剪成条状，以彩色丝线绣有花果纹样，彩条尾端呈剑形，并以机织花边作缘边装饰，最外缘以素色段作包边处理。前后裙门以红色缎为地，彩绣花果纹样，有佛手、寿桃，寓意福寿双全，并以菊花、幽兰、蝴蝶等作为装饰。从整体的装饰风格来看，此裙制作年代较晚。裙装在配色上吸取了月华多彩的特征。（林栖收藏）

| 酱色 | 深茄紫 | 玫瑰红 | 胭脂红 | 浅藕荷 | 粉红 | | 深月白 | 豆绿 |

多色缎地绣花边（局部）（清华大学艺术博物馆藏）

红色缎平金银绣龙凤呈祥纹凤尾裙

　　红色缎平金银绣龙凤呈祥纹凤尾裙，红色亚麻布裙腰。前后裙门均以红色缎为地，采用平金银绣海水江崖纹龙凤呈祥纹样，裙门造型上窄下宽，尾端呈"如意形"并打络子，其间装饰金属亮片，末端有各式彩穗为饰。裙两侧共饰有 24 条凤尾条，以青色缎为地，采用平金银绣法绣海水江崖、龙凤戏珠纹样，整体纹样依据凤尾条的形式构图刻画，纹样纤细，造型生动。凤尾条末端以银线勾勒出如意形蝙蝠轮廓，中间饰有铜钱纹样，寓意"福在眼前"。凤尾条底端饰有红色彩穗。整体裙装轮廓多样，色泽艳丽。（王金华收藏）

● ● ● ● ● ● ● ●
银红　桔红　翠兰　青金　柿黄　灰红　墨灰　绿色

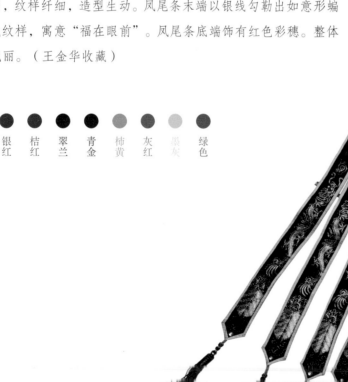

红色暗花绸缀纳纱绣八仙纹凤尾裙

　　红色暗花绸缀纳纱绣八仙纹凤尾裙，红色暗花缎地，采用纳纱等绣法绣制龙凤
呈祥、八仙过海纹样，两侧各裁成 8 条，尾端成剑形，为凤尾裙形式。前后马面部
分纹饰相同，以各色彩丝绣制遨游云海的飞龙，龙首、尾处采用孔雀羽线绣制。空
中飞凤俯身昂首，展翅飘羽，姿态秀逸。八仙纹样位于裙两侧的彩条之上，造型生
动有趣，绣法工整，配色丰富。（清华大学艺术博物馆藏）

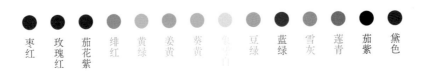

<table>
<tr><td>枣
红</td><td>玫
瑰
红</td><td>茄
花
紫</td><td>绯
红</td><td>黄
绿</td><td>姜
黄</td><td>葵
黄</td><td></td><td>豆
绿</td><td>蓝
绿</td><td>雪
灰</td><td>莲
青</td><td>茄
紫</td><td>黛
色</td></tr>
</table>

蓝缎地打籽包花绣花蝶纹凤尾裙

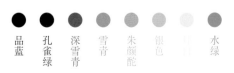

蓝缎地打籽包花绣花蝶纹凤尾裙，一片式蓝色棉布裙腰，两侧两纽襻，系带穿着。裙子缀有八条蓝色暗花缎裁剪成条状，凤尾条下端比上端宽阔一些，每条彩缎以堆绫绣工艺点缀两花果纹样，一个位于缎条三分之一处，一个位于缎条底端。两者中以彩绣花卉纹作为连接，缘边以盘带绣盘制出各式缘边装饰，有双层平行式波浪纹、双层交叉式波浪纹、T字形波浪纹。纹样底端缀有铜铃装饰，整体纹样丰富多样，边饰充满变幻，色泽典雅华美。彩缎上所使用的堆绫绣又称"贴花绣""贴绫绣""贴绣""补绣"，通常先用绫缎等料裁剪出花样，再按照图稿所需晕染色彩，后拼贴缝缀在底料上，此种刺绣工艺相对简便，色泽艳丽。（清华大学艺术博物馆藏）

● ● ● ● ● ● ● ●

品蓝　孔雀绿　深雪青　雪青　朱颜酡　银色　　水绿

256

多色缎包花绣"牧牛挂角"凤尾裙

多色缎包花绣"牧牛挂角"凤尾裙，为一片式蓝色棉布裙腰，两侧两纽襻，左
右系带。通身16条彩色缎制凤尾条，先以蓝色缎为地，于中缎部分采用堆绫工艺分
别绣制蝴蝶寿桃、童子戏化、牧童骑牛、蝶恋花、幼童骑葫芦、水鸟花卉、娃娃骑
鱼、松鼠葡萄。裙装的纹样集中了绣者的慧心，在色彩的配置上也丰富多彩，裙子
上端有8条蓝色缎条，间隔布置8条彩色缎条，分别为草绿、水红、天蓝、粉绿，
缎底有暗花和素缎两种材质，整体形成一种华美丰富的视觉效果，且寓意吉利，颇
具趣味。（清华大学艺术博物馆藏）

| 红灰 | 深雪青 | 雪青 | 靛红 | 葵黄 | 香色 | 水绿 | 浅绿 | 官绿 | 品蓝 | 紫色 |

多色缎包花绣"牧牛挂角"凤尾裙局部（清华大学艺术博物馆藏）

多色缎包花绣"牧牛挂角"凤尾裙局部（清华大学艺术博物馆藏）

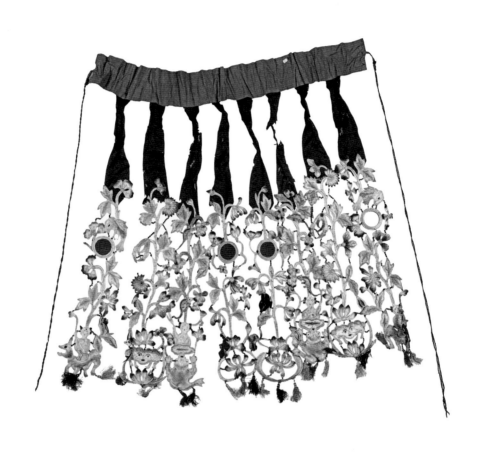

蓝绸地包花绣花卉纹凤尾裙

　　蓝绸地包花绣花卉纹凤尾裙，一片式粉色棉布裙腰。裙子缀有 8 条蓝色素缎，缎条以堆绫绣装饰人物、动物以及花卉纹样，均以穿枝的造型作联结。裙间的花卉部分以铜珠作为串联，增加了纹样的丰富程度，最尾端缀有彩色穗子，底端的装饰纹样十分生动，有童子持花、金蟾童子以及老鼠纹样。花卉间还布置佛手、葡萄等纹样，寓意"多子多福，子孙昌茂"。裙间还布置彩缎包边的小镜子，生动华美，展现了民间绣者生动鲜活的想象力和对美好生活的向往之情（清华大学艺术博物馆藏）。

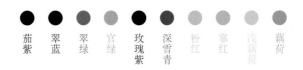

茄紫　翠蓝　翠绿　官绿　玫瑰紫　深雪青　粉红　靠红　浅藕荷　藕荷

蓝绸地包花绣花卉纹凤尾裙局部（清华大学艺术博物馆藏）

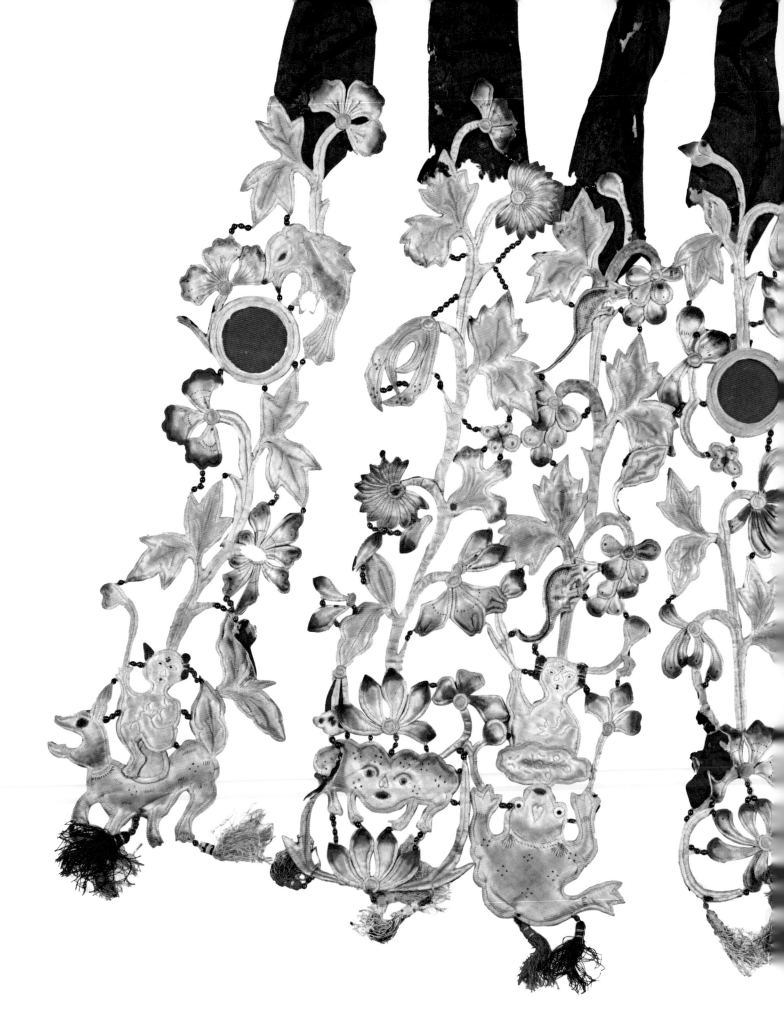

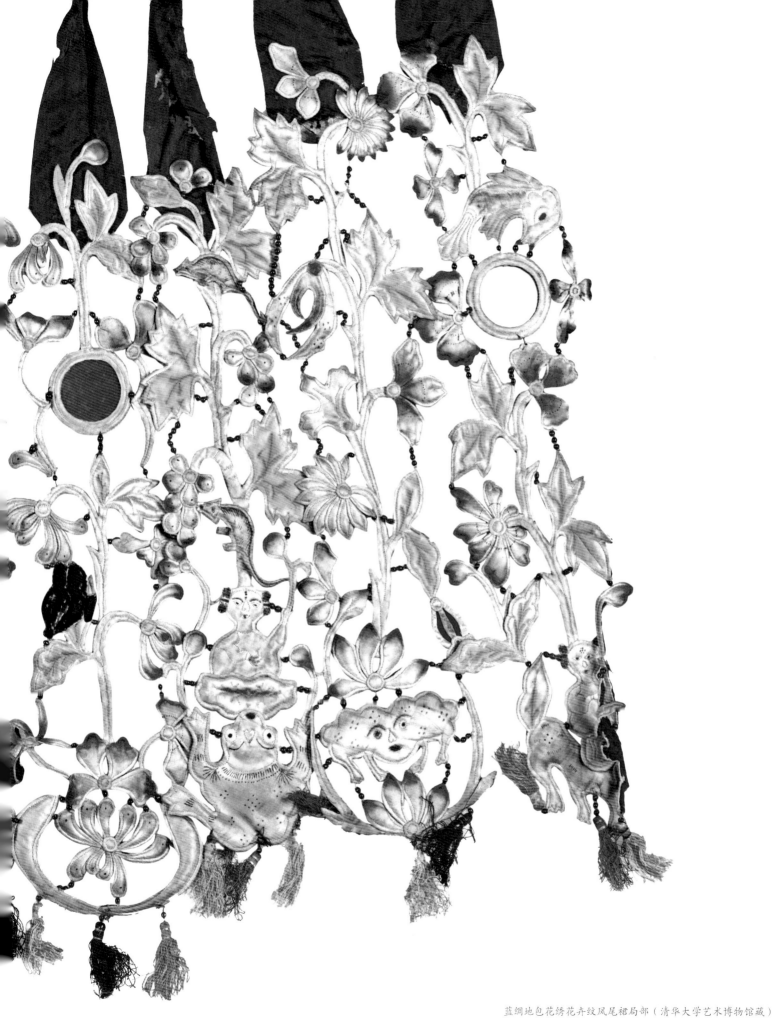

蓝绸地包花绣花卉纹凤尾裙局部（清华大学艺术博物馆藏）

多色暗花缎地绣凤鸟纹凤尾马面裙

　　多色暗花缎地绣凤鸟纹凤尾马面裙，两片式白色棉布裙腰，两侧有纽襻，系带穿着，以多色暗花缎为地，暗花纹样为祥云暗八仙纹。前后裙门马面先以丝绸裁剪成蝴蝶纹轮廓，再以彩线绣出纹饰，并缀有梯形绣片。绣片以白色缎为地，采用彩绣绣有海水江崖飞凤纹，上方以盘金绣勾勒出流云，以平针绣绣制蝙蝠，并于下端装饰料珠及彩色丝穗。其两侧裁剪成翩然起舞的彩蝶，并绣出纹样装饰。缘边先以机织花边为饰，又以满绣纳纱几何花卉纹为饰，并于裙下摆左右角隅处装饰如意云头轮廓，内饰红色蝙蝠。缘边的外缘先以满绣纳纱小朵如意云纹包边，又于左右角隅处加饰蝙蝠形红色轮廓装饰，最外缘以黄绿色缎作包边处理，并加饰细绦带。裙两侧以十种不同的色彩拼制而成，并以蓝色素缎制成阑干条作为装饰，于裙门马面高度上方饰立体盘长装饰，并缀有剑形三镶边短飘带，飘带下方加饰珠链及铜铃，下方又制成立体小花缀纳纱或彩绣花卉纹样，并以绦带作缘边装饰，下端呈剑形，缀珠链、立体花篮装饰并缀有彩色丝穗。裙下摆先以两层机织花边为饰，又镶饰细绦带，然后以蓝色缎为地，采用堆绫手法制成花蝶纹样，最外缘以黄绿色缎为地，装饰连续立体朵花纹样。（明尼阿波利斯艺术博物馆藏）

宝蓝　绯红　官绿　葡灰　深雪青　靠红　粉红　退红　　明黄

多色暗花缎地绣人物地景纹月华阑干马面裙

　　多色暗花缎地绣人物地景纹月华阑干马面裙，一片式淡杏色棉布裙腰。前后裙门以暗花缎为地，暗花纹样为祥云八宝纹。裙门马面处以盘金绣作地绣开窗人物地景纹，并饰皮球花、博古纹样，小巧精美。裙门缘边装饰层次丰富，主要的装饰由四层镶边构成，第一层为机织白地花卉边，第二层为多层彩条边，第三层为白色缎彩绣皮球花、盘长、花卉纹。前后裙门角隅处以挖云干法制如意云头，缘讯外以蓝色素缎包边，并加饰机织绦带。裙两胁以八种色彩拼制而成，间饰蓝色素缎边并于膝两侧位置加饰白色机织短阑干条，于两端制成剑形及如意形，如意形内部绣花卉纹。此裙装饰繁复华美，为月华与阑干裙的结合，马面处的缘边装饰深具巧思，通过如意云造型及马面装饰，将视觉中心引至此处。（明尼阿波利斯艺术博物馆藏）

太师青　宝蓝　砂绿　胭脂水　枣红　大红　萱红　藕褐

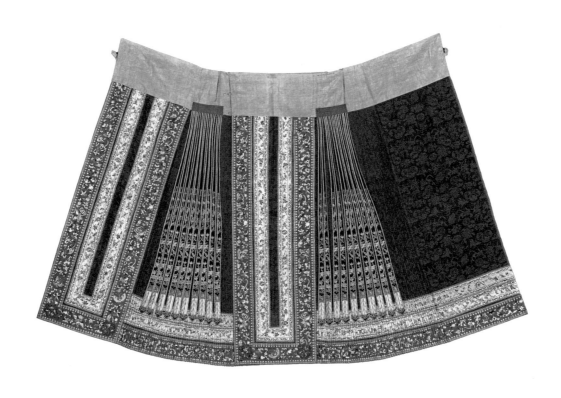

红色暗花缎地饰二镶边凤尾鱼鳞马面裙

红色暗花缎地饰二镶边凤尾鱼鳞马面裙，两片式杏粉色亚麻布裙腰，以红色暗花缎为地，暗花纹样为蝶恋花及皮球花纹样。前后裙门主要以镶边工艺完成装饰，第一层镶边为白缎地绣花鸟纹镶边，此镶边的边缘以金线制成边框，框内装饰缠枝花卉纹，外缘以机织窄边为饰。第二层镶边以蓝色缎为地，彩绣仙鸟兽、蝶恋花纹样，色彩丰富，形象多样，纹样布满整个花边，缘边以连续茉莉花苞为饰，增添边缘的装饰语言；下摆左右角处以挖云手法制红花地"喜上眉梢"图案。裙两胁打细褶，褶痕细密，每褶间隔约1厘米进行牵引缝缀，形成鱼鳞裙样式。鱼鳞之上以蓝紫色缎地采用平金银绣法绣海水江崖花卉纹，左右各10条彩条，共20条。裙下摆先以黄地绣鸟兽花果纹边为饰，再以白地绣鸟兽花卉纹边为饰，两者边缘又镶有机织绦子边，以蓝紫色缎为地，彩绣鸟兽、蝶恋花纹样，边缘以连续茉莉花苞为饰，与前后裙门处装饰类似，最外缘以蓝紫色素缎制细镶绲。（明尼阿波利斯艺术博物馆藏）

官绿灰　青灰　宝蓝　藕荷　绯红　雪青　枣红　拓黄　驼黄　黄绿　银灰

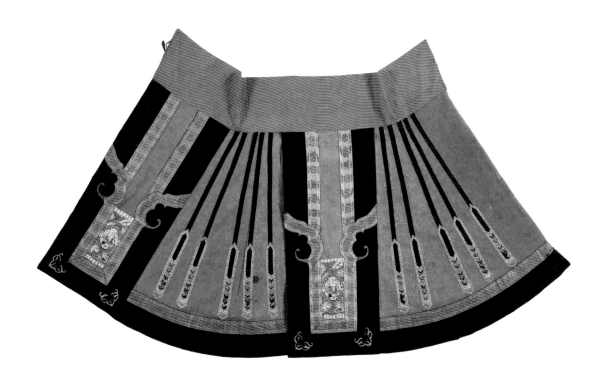

绯红色提花纱镶黑缎绿绦边刺绣仕女纹阑干马面裙

　　绯红色提花纱镶黑缎绿绦边刺绣仕女纹阑干裙，一片式裙头阑干裙，绿色棉布腰头，裙长102厘米，宽120厘米。前裙门及后裙门处以贴布绣有盘金铺地绣开窗人物仕女纹样。裙两胁以五条玄青色缎制成阑干条，将裙两侧划分为12个区域。阑干条下端装饰双宝剑头状绦边。马面外饰有双层镶边，第一层为机织粉绿色花边，第二层为玄青色缎宽边并于左右角隅处作蝴蝶状挖云造型，挖花的使用使得整体裙装透气醒目，外镶边的装饰还于马面上端制成如意云头状装饰，四角的装饰烘托出马面部分的华美。这件阑干裙所使用的挖云工艺属于中国传统服饰工艺的一种，汉族与少数民族都有使用。挖云也称"挖花""挖嵌"，指的是在面料上以镂空的方式雕琢纹饰边缘，一般采用绲嵌工艺，最多用的是香线绲。（北京艺术博物馆藏）

翠绿　绿色　葱绿　杏红　玄青　桃灰　银灰

藕荷暗花绸平金绣花卉纹凤尾马面裙

藕荷暗花绸平金绣花卉纹凤尾马面裙，两片式白色棉布裙腰，以藕荷色暗花绸为地，暗花纹样为牡丹花及竹叶纹。前裙门处以平金绣绣制牡丹、海棠、莲花等花卉，并镶嵌机织蝴蝶花边，两侧打褶，褶痕细密，并按规律在每条打褶处采用同色丝线进行点式钉缀，故而其褶皱处受力后，张开便如鱼鳞般。裙两侧则各装饰八条彩条，即凤尾结构，彩条为蓝缎地，其上以金线绣制海水江崖纹及龙凤呈祥纹。飘带尾部均有如意云头装饰，底端缀有彩色璎穗及金属珠，而缀有铃铛的凤尾裙也被称为"叮当裙"。此裙在设计上颇具巧思，裙两胁处各置有三个金属挂扣，可将凤尾裙飘带部分固定在裙两侧，亦可拆卸，凤尾的底裙是百褶鱼鳞裙，如此精妙的设计，既可拆下凤尾飘带满足日常之用，亦可挂上凤尾彩条用作盛装。凤尾裙的结构是比较特殊的，属于条带式的款型，因此，每一条都可以独立成为一个单元，如果彩条损坏，还可单独补做重缀，由此能很好地延长裙子的使用寿命，也在一定程度上解决了浪费的问题，是古人惜物的一种智慧体现。（清华大学艺术博物馆藏）

玄青　湖绿　虾青　茶色　银色　桃灰　银红色　驼黄　藕荷

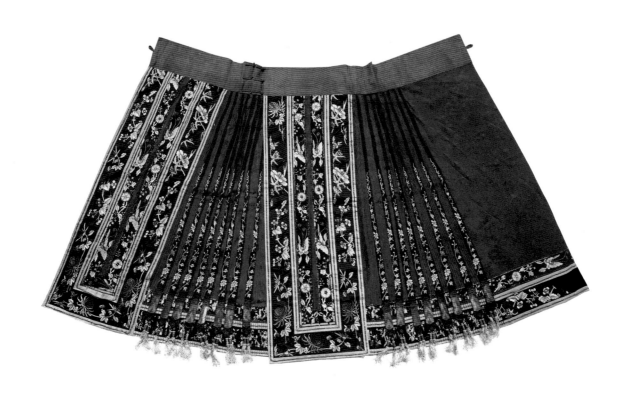

洋红色暗花缎二镶边绣蝶恋花纹凤尾马面裙

　　洋红色暗花缎二镶边绣蝶恋花纹凤尾马面裙，两片式褐色棉布裙腰，两侧两纽襻，系带穿着，以红色缎为地。前后裙门的装饰主要依靠镶边完成，主要的镶边装饰有两层，第一层为蓝色素缎镶边，以彩色丝线绣有蝶恋花卉纹，第二层以玄青色素缎为地，以彩色丝线绣制菊花、秋葵、海棠等花卉，花卉造型多样，绣法精湛，局部采用打籽绣，突出花蕊部分的塑造，中间以月白色素缎作缘边装饰，并于其上加饰金色绦带，形成丰富的缘边装饰。裙两胁打细褶，并于其上加饰蓝色缎绣海水江崖穿枝花卉纹剑形彩条，末端以月白色丝穗为饰，是为凤尾裙样式。整体裙装以蓝红对比为主，突出裙装的结构和装饰之美，形制为凤尾、马面褶裙的结合体，可以满足节日着装之用。（林栖收藏）

青莲　红青　秋香　黑灰　　莲青　洋红　茜红　出炉银

红色缎绣龙凤呈祥纹凤尾马面裙

　　红色缎绣龙凤呈祥纹凤尾马面裙，两片式绿色棉布裙头，两侧有纽襻，系带穿着。较为有趣的是裙头部分还添置了四个纽襻用来固定凤尾裙飘带。此裙形制较为特殊，前后外裙门的位置为中和右，大部分为左和中。裙门马面处以蓝色缎为地，采用平金银绣绣制海水江崖龙凤呈祥纹。外缘以蓝紫色缎为地，彩绣缠枝花卉纹样，底端饰有寿桃蝙蝠纹样，最外缘以玄青色素缎作包边处理。裙两侧打褶，褶痕细密，每褶间以丝线间隔2至3厘米牵引缝缀成鱼鳞状，其上以蓝色缎绣花卉纹制成16条凤尾彩条，尾部为如意形并饰月白色丝穗。此处的凤尾彩条可以拆下，展现出古人的智慧，因凤尾裙乃节日所着，而鱼鳞马面裙为日常所着，故而两者结合丰富了裙装的使用场合，达到物尽其用的目的。（明尼阿波利斯艺术博物馆藏）

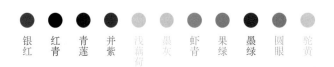

| 银红 | 红青 | 青莲 | 并紫 | 浅藕荷 | 墨灰 | 虾青 | 果绿 | 墨绿 | 圆眼 | 驼黄 |

洋红色暗花缎二镶边绣蝶恋花纹凤尾马面裙

　　洋红色暗花缎二镶边绣蝶恋花纹凤尾马面裙,两片式裙,粉红色棉布腰头,两侧有纽襻,
系带穿着,以红色暗花缎为地,暗花纹样为葡萄纹,取"多子多福"之意。前后裙门的装饰主要
依靠镶边完成,第一层为淡绿缎地平金银绣花卉纹边饰,第二层花边青色缎地,采用平金银
绣出海水、莲花、葡萄等纹样,色泽对比强烈,下裙门处以刺绣留水路方式突出角隅的双蝶纹
样。裙两侧打细褶,分别加饰凤尾条各10条,共20条,均以青色缎为地,采用平金银手法绣
龙凤戏珠纹样,下端有海水江崖纹,整体缎条裁制成剑形,下端为如意头样式。裙子下摆处与
裙门处的镶边装饰风格相同,整体和谐华美。(林栖收藏)

绛　洋　佛　雪　　　茶
色　红　青　青　　　青

洋红色暗花缎二镶边绣蝶恋花纹凤尾马面裙局部（林栖收藏）

大红暗花罗彩绣镶带阑干凤尾条状马面裙

　　大红暗花罗彩绣镶带阑干凤尾条状马面裙，大红暗花罗地，长 86 厘米，下摆宽 117 厘米，裙两侧留有小开裾，开裾内衬镶绿绢。裙门镶边宽大秀美，分两组·外面一组较宽，由白缎地平针绣花鸟构成主体，两侧镶包天蓝素绢窄边；里面一组较窄，由白缎地平针绣缠枝菊花、玉兰构成，两侧再镶蓝地织银小花边。阑干底端做成如意云头形状。（清华大学艺术博物馆藏）

桔红　　太师青　翠蓝　葵黄　茶青　雪灰　红灰　　石青

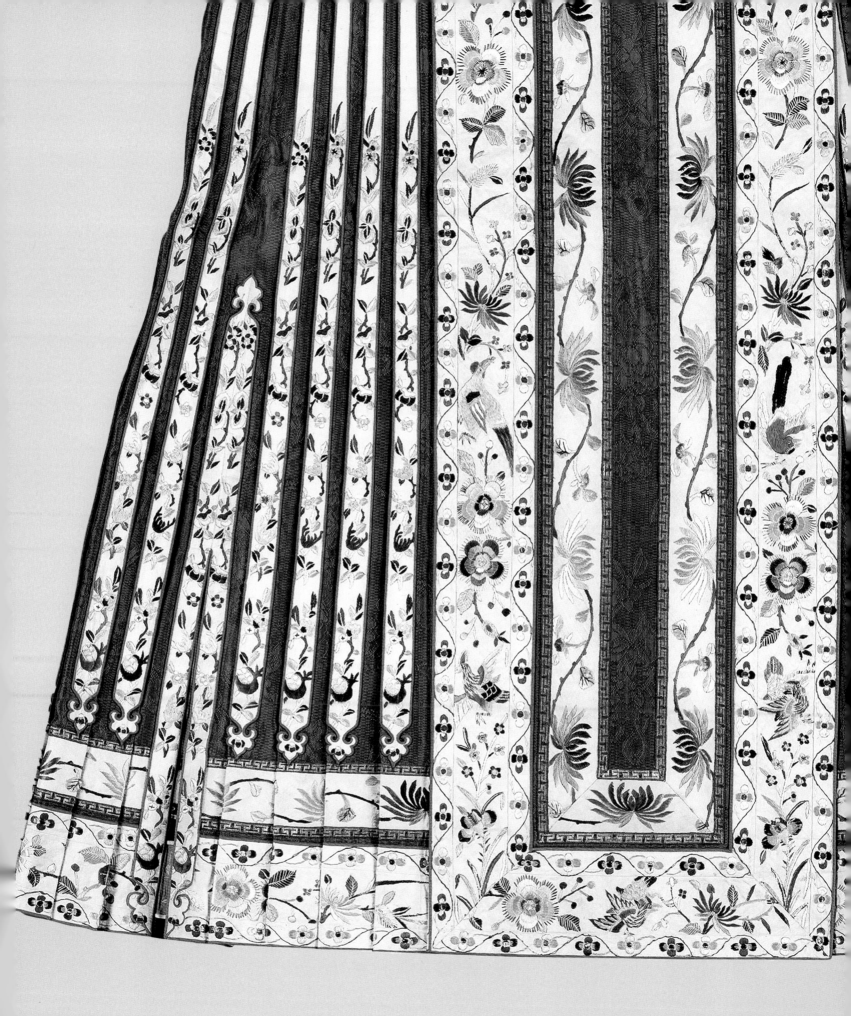

红色暗花缎地绣海水江崖"贺寿"纹阑干马面半裙

　　红色暗花缎地绣海水江崖"贺寿"纹阑干马面半裙，一片式淡蓝色棉布裙腰，原为两片式。此为半裙，以红色暗花缎为地，暗花纹样为折枝花卉纹，前后裙门马面处以蓝色缎为地，采用盘金银绣法绣海水江崖纹，海水江崖之上单足伫立一仙鹤，口衔寿桃，合寓"贺寿"，最上层饰有祥云纹样。裙两侧以白色缎绣鸟兽花卉纹制成10条阑干条，尾端饰有如意云头，阑干条在造型上更为细腻秀美。裙门及下摆处以镶边装饰，最主要的镶边为两层，第一层是白色缎绣花卉纹镶边，第二层是蓝色缎绣鸟兽花卉纹镶边，第二层较为宽大，色彩与马面部分形成呼应。此裙阑干部分装饰及镶边部分的装饰较为繁复，具有特色。（林栖收藏）

青金　洋红　雪灰　并紫　土黄

橘红色暗花绸地绣龙凤呈祥纹阑干马面裙

橘红色暗花绸地绣龙凤呈祥纹阑干马面裙，一片式白色棉布裙腰，两侧有纽襻，系带穿着，以红色暗花绸为地，暗花纹样为祥云、蝙蝠纹。前裙门处以平金、盘金、打籽、刻鳞针等各式针法绣多种吉祥纹样，有"金龙戏珠""凤穿牡丹""海水江崖""鱼龙变幻""龙凤呈祥""蝠在眼前""花开富贵"之意，画面左下方一只飞龙抬头戏珠，下方有三蓝绣的水路纹，上方有三蓝绣的祥云纹，祥云之上有一门，此处当取"鲤鱼跃龙门过而为龙"之意，青白祥云与水路纹，有"平步青云"之意，上方有一飞凤遨游天际，四周繁花盛开，牡丹雍容。其间还饰有一只灰色蝙蝠，其眼前饰有金色连钱纹样，寓"福在眼前"。马面左、下、右三边先以机织花卉纹窄边镶嵌装饰，再以白色缎三蓝盘金绣花卉仙鹤纹，仙鹤造型纤细飘逸与团状花卉纹形成造型上的对比。裙两侧以青色素缎、机织花边、彩绣穿枝花卉纹共同构成阑干边，阑干尾端制成如意云头样式，深具特色。其下摆部分除了机织花边、白色缎绣花卉仙鹤纹宽边外，还加饰极窄的机织黄色绦子边，最外缘以青色素缎作包边处理，整体裙装装饰层次丰富，配色鲜艳明亮，形制规范，细节生动。（王金华收藏）

桔红　　　　　霁蓝　红青　上黄　忽绿

285

红色暗花绸地绣海水江崖"顶背"镶阑干马面半裙局部（林栖收藏）

红色暗花缎地绣海水江崖"贺寿"纹阑干马面半裙局部（林栖收藏）

橘红色暗花绸地绣龙凤呈祥纹阑干马面裙局部（王金华收藏）

后 记

2024 年出版的《中国最美服饰丛书：五色华彩马面裙》是"中国最美服饰丛书"的第一本书，后面已有"挽袖""云肩"等系列主题的出版计划。"中国最美服饰丛书"是针对中国传统服饰文化展开的系列研究内容，也是我撰写的"服装史论书系"的姊妹篇。

最近几年，马面裙一直是我心心念念的重要研究课题。它是中国传统服饰从传统走向当代，从博物馆、书本走向大众日常生活和时尚的一个经典代表款式。从 2020 年开始深入研究至今，已由最初的研究构想，到逐步完成了研究成果的学术论文发表、各大论坛的主题演讲，以及今天我们看到的这本《中国最美服饰丛书：五色华彩马面裙》学术著作。同时，我们也在 2024 中国国际时装周成功举办了"华彩曳裙裳——《中国最美服饰丛书：马面裙》精选图片与创新设计作品展"，还将参加于 2024 年 5 月 18 日在上海纺织博物馆举办的"衣生万物，传统重构——五色华彩马面裙"专题展，这期间倾注了我们大量的心血和热情。

在马面裙研究的过程中，和许多同样喜欢中国传统服饰文化、志同道合的朋友们产生了很多交集和共鸣。首先是清华大学艺术博物馆的高文静老师和我共同收集资料，一起构思、撰写本书，和高文静老师的合作极其愉快，高老师安静、含蓄的东方女性气质令每次沟通的过程成为我个人修养提高的过程。东华大学期刊中心马文娟老师作为我们"服装史论丛书"的编辑，以及"华夏衣裳中国服装史论坛"的共同发起人，从著作内容到版式策划，倾注了大量心血和精力。因为要追求视觉的完美和最佳表现，我们在版式设计上共同探讨，有许多个日日夜夜，通过腾讯会议与美编老师一起修订版式方案。马文娟老师含蓄但韧劲十足，不急不躁地推进工作，让我倍感踏实与安定。感谢恩师包铭新教授在百忙之中为本书作序。私人收藏家陈菲老师也给予我最大的支持，她将其数十年研究和收藏的实物提供给我，接下来 2025 年的挽袖专题就是依托陈菲老师的收藏而展开。"生活在左"品牌林栖老师收藏的上百件精品马面裙实物令人惊叹，让我们感受到林栖老师对传统服饰文化充满热情，我们在共同研究的过程中的热情不断地传递给周围的朋友们。还有山东省服装设计协会周锦会长是我多年的好友，也是全身心热爱中国传统服饰文化的企业家，周锦会长慷慨地将自己收藏的材料给我，很是感谢。同时，也感谢私人收藏家王金华老师无私地将个人收藏实物

照片赠与本书。当然还有很多朋友对本书出版给予了大量的支持和帮助，他们是海澜之家黄齐、林巧，苏州梵蒂诗服饰皋晓春，清华大学艺术博物馆杜鹏飞、彭宇、肖非，上海纺织博物馆贾一亮、薛彬，东华大学出版社陈珂……可以说，当今马面裙能有如此之热度，与各位老师们的共同努力密不可分。

在本书撰写和版式设计的过程中，尽管经历了很多曲折，过程也很艰辛，但我们并未觉得劳累，因为整日看着这些精美的马面裙实物和图片，一直是心生愉悦。这是一个与中国传统服饰文化和古代无数能工巧匠对话的过程，古人的审美、智慧和情绪感染了我们。当然，这需要用心投入才能感受到其中乐趣。中国传统服饰文化历经数千年的积累和传承，内容极其丰富和精彩，我们尽可能去吸取，使之融化于我们的内心，转化成为今人服务的精神和物质财富。尤其是在当今人工智能、大数据、大模型、符号化和算法美学时代，审美格调更显得尤其重要。

越是大工业化生产、产品同质化严重的时代，美学和审美力的竞争就越为激烈。这个时代尤其需要我们对传统文化深入挖掘，寻找其内在的文化基因，形成我们自己时尚风格的独特性，这样不仅能够和市场形成消费共鸣，也能在国际流行市场中占据一席之地，并拥有自己的时尚话语权和影响力。这不仅仅是文化传播的需要，也是中国时尚产业升级的需要，更是我们国家形象传播的需要。美学不仅仅是个人修养，对于时尚产业甚至各行各业的从业者都是一种非常重要的竞争力。"中国最美服饰丛书"的撰写与研究就是针对中国传统服饰文化里最精美、最有视觉表现力内容的深入挖掘和系统研究。

期待中国传统服饰文化有更加美好灿烂的明天。我们有责任将伟大的中华民族数千年积累的宝贵服饰文化遗产在吾辈发扬光大，更有责任使其光照后人、恩泽四方。

2024 年 4 月 16 日写于清华大学

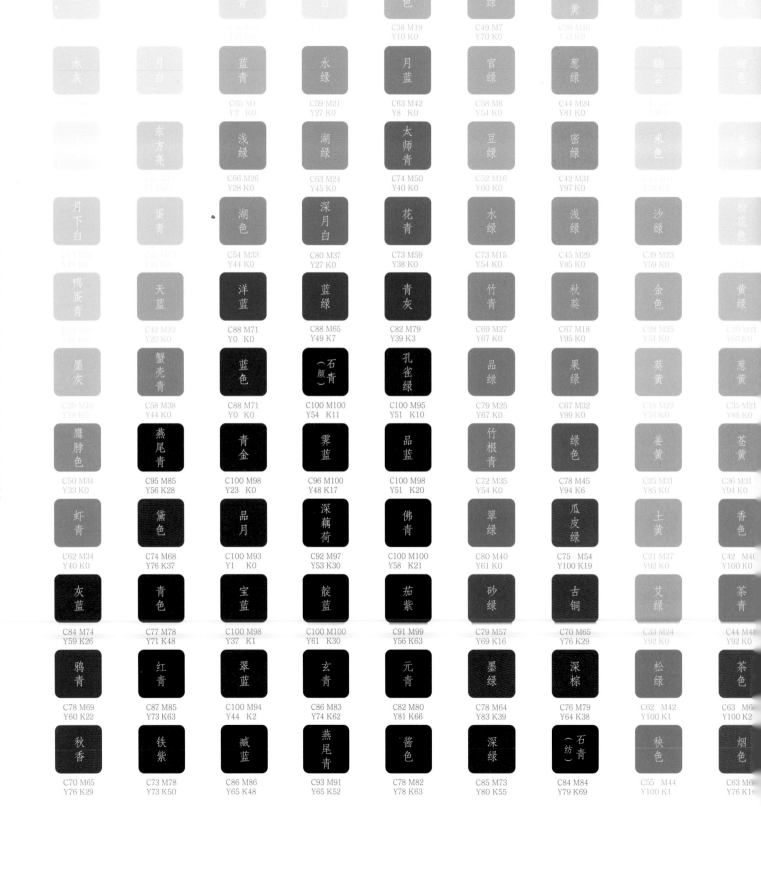

附录一　华彩·国色（第一版）

退红 C?? M?? Y?? K0
粉红 C?? M46 Y27 K0
出炉银 C0 M46 Y?? K0
石榴红 C0 M95 Y96 K0
妃色 C0 M55 Y37 K0
紫灰 C18 M52 Y41 K0
驼黄

浅藕荷 C1 M12 Y?? K0
靠红 C3 M43 Y10 K0
朱颜酡
荔枝红 C7 M98 Y81 K0
梅红 C0 M95 Y45 K0
水红 C30 M90 Y72 K0
金驼 C42 M54 Y69 K0

明黄
藕荷 C?? M?? Y?? K0
雪青 C11 M32 Y0 K0
绯红 C8 M56 Y46 K0
柿红 C5 M88 Y100 K0
亮红 C33 M100 Y100 K1
大红 C19 M93 Y90 K0
香灰 C48 M65 Y87 K7

槐黄 C? M10 Y?? K0
雪白
雪灰 C30 M45 Y11 K0
浅粉 C1 M78 Y48 K0
海天霞 C0 M63 Y46 K0
橘红 C20 M79 Y99 K0
美人醉 C28 M90 Y83 K0
鱼红 C34 M76 Y76 K0
棕色 C50 M73 Y87 K14

藤黄 C19 M28 Y82 K0
库灰
藕褐 C55 M57 Y32 K0
茜红 C24 M89 Y54 K0
海棠红 C0 M74 Y52 K0
苏枋红 C18 M82 Y100 K0
京红 C41 M95 Y100 K7
圆眼 C25 M63 Y67 K0
驼色 C58 M65 Y82 K18

蜜黄 C8 M45 Y87 K0
铅白
莲青 C47 M57 Y0 K0
胭脂红 C33 M94 Y53 K0
桃红 C0 M81 Y45 K0
木红 C31 M86 Y92 K0
猩红 C42 M100 Y100 K9
粉色 C35 M81 Y59 K0
粉墨 C60 M67 Y66 K14

柿黄 C6 M53 Y82 K0
银色
深雪青 C26 M79 Y9 K0
祭红 C43 M100 Y96 K11
杏红 C0 M85 Y56 K0
朱红 C32 M92 Y100 K1
檀红 C48 M78 Y76 K11
双红 C27 M85 Y67 K0
茶褐 C53 M63 Y77 K9

金黄 C17 M56 Y96 K0
银灰
红灰 C45 M71 Y19 K0
茄花紫 C50 M97 Y48 K2
银红 C20 M92 Y70 K0
桔红 C20 M93 Y100 K0
绛色 C55 M90 Y93 K39
紫檀 C40 M68 Y88 K2
黄酱 C60 M70 Y80 K26

柘黄 C17 M60 Y96 K0
桃灰
并紫 C68 M81 Y2 K0
葡灰 C61 M86 Y53 K11
胭脂水 C17 M89 Y43 K0
洋红 C26 M97 Y100 K0
殷红 C48 M100 Y100 K22
真紫 C50 M83 Y78 K17
沉香 C67 M74 Y69 K31

杏黄 C0 M76 Y92 K0
豆沙色 C42 M58 Y51 K0
青莲 C85 M94 Y2 K0
玫瑰紫 C52 M100 Y78 K28
樱桃红 C15 M99 Y95 K0
豇豆红 C28 M98 Y98 K0
绛紫 C55 M100 Y100 K45
郎窑红 C47 M100 Y100 K21
栗色 C62 M76 Y69 K27

桂红 C13 M75 Y98 K0
缃色 C42 M69 Y62 K2
深茄紫 C87 M92 Y48 K17
紫红 C45 M100 Y89 K13
玫瑰红 C32 M100 Y91 K1
枣红 C27 M99 Y100 K0
檀色 C57 M86 Y82 K38
缁色 C62 M100 Y78 K55
古铜紫 C72 M89 Y65 K43

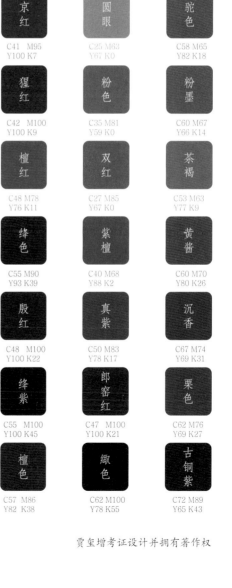